食用菌产业精品教材

食用菌
栽培与病虫害防治技术

◎ 高景秋　李建华　刘　静　主编

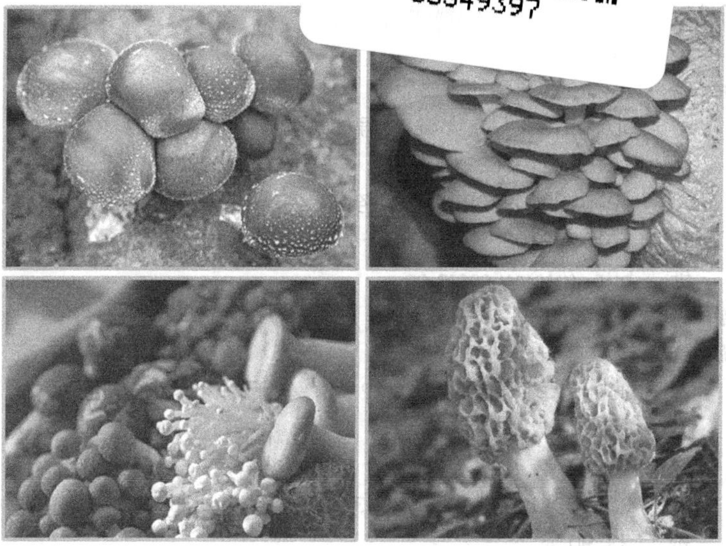

中国农业科学技术出版社

图书在版编目（CIP）数据

食用菌栽培与病虫害防治技术 / 高景秋，李建华，刘静主编．—北京：中国农业科学技术出版社，2018.6 (2023.10重印)

ISBN 978-7-5116-3674-4

Ⅰ.①食… Ⅱ.①高…②李…③刘… Ⅲ.①食用菌-蔬菜园艺②食用菌-病虫害防治 Ⅳ.①S646②S436.46

中国版本图书馆 CIP 数据核字（2018）第 082886 号

责任编辑 白姗姗
责任校对 李向荣

出 版 者 中国农业科学技术出版社
北京市中关村南大街 12 号 邮编：100081
电　　话 (010)82106638(编辑室) (010)82109702(发行部)
(010)82109709(读者服务部)
传　　真 (010)82106650
网　　址 http://www.castp.cn
经 销 者 各地新华书店
印 刷 者 北京建宏印刷有限公司
开　　本 850mm×1 168mm 1/32
印　　张 5.875
字　　数 169 千字
版　　次 2018 年 6 月第 1 版 2023 年 10 月第 9 次印刷
定　　价 33.90 元

《食用菌栽培与病虫害防治技术》

编 委 会

前　　言

我国地域辽阔，食用菌资源丰富，栽培历史悠久，随着人民生活水平的提高，对食用菌产品的需求日益增加，食用菌产业迅速发展。为推广普及食用菌科技，服务“三农”，本书主要介绍食用菌基础、栽培技术和病虫害防治等知识。

由于编者水平有限，难免出错，不当之处敬请读者予以批评指正。

编　者

2018 年 4 月 9 日

目　录

第一章　绪　论 ………………………………………………… (1)

第二章　食用菌生产基础知识 ……………………………………… (4)

第一节　食用菌的化学组成 …………………………………… (4)

第二节　食用菌形态结构 ……………………………………… (5)

第三节　食用菌生长发育与环境的关系 ……………………… (8)

第四节　消毒与灭菌 ………………………………………… (12)

第五节　场地建设 …………………………………………… (16)

第三章　菌种制作 ………………………………………………… (17)

第一节　菌种类型与制作流程 ……………………………… (17)

第二节　制种的基本设备与用具 …………………………… (18)

第三节　培养基制作 ………………………………………… (23)

第四节　接　种 ……………………………………………… (26)

第五节　菌种的培养与检查 ………………………………… (29)

第六节　菌种的分离与保藏 ………………………………… (31)

第四章　平　菇 ………………………………………………… (35)

第一节　平菇生物学特性 …………………………………… (35)

第二节　平菇生长发育对环境条件的要求 ………………… (39)

第三节　平菇菌种制作 ……………………………………… (41)

第四节　平菇发酵料袋式栽培 ……………………………… (43)

第五节　平菇熟料袋式栽培 ………………………………… (50)

第五章　双孢菇 ………………………………………………… (54)

第一节　双孢菇生物学特性 ………………………………… (55)

第二节　双孢菇菌种制作 ………………………………（57）
第三节　双孢菇栽培技术 ………………………………（59）
第四节　盐渍蘑菇 ……………………………………（68）

第六章　香　菇 ………………………………………………（70）
第一节　香菇生物学特性 ………………………………（70）
第二节　香菇菌种制作 …………………………………（73）
第三节　香菇袋栽技术 …………………………………（74）

第七章　草　菇 ………………………………………………（81）
第一节　草菇生物学特性 ………………………………（81）
第二节　草菇菌种制作 …………………………………（85）
第三节　草菇栽培技术 …………………………………（86）

第八章　黑木耳 ………………………………………………（91）
第一节　黑木耳生物学特性 ……………………………（92）
第二节　黑木耳菌种制作 ………………………………（94）
第三节　黑木耳栽培技术 ………………………………（96）

第九章　鸡腿蘑 ………………………………………………（99）
第一节　鸡腿蘑生物学特性 ……………………………（99）
第二节　鸡腿蘑菌种制作 ……………………………（102）
第三节　鸡腿蘑栽培技术 ……………………………（104）

第十章　金针菇 ……………………………………………（110）
第一节　金针菇生物学特性 …………………………（111）
第二节　金针菇菌种制作 ……………………………（113）
第三节　金针菇熟料栽培技术 ………………………（114）

第十一章　杏鲍菇 …………………………………………（121）
第一节　杏鲍菇生物学特性 …………………………（121）
第二节　杏鲍菇菌种制作 ……………………………（123）
第三节　杏鲍菇栽培技术 ……………………………（124）

第十二章　猴头菇 …………………………………………（126）
第一节　猴头菇生物学特性 ……………………………（126）
第二节　猴头菇栽培技术 ………………………………（128）
第十三章　大球盖菇 ………………………………………（130）
第一节　大球盖菇生物学特性 …………………………（130）
第二节　大球盖菇栽培技术 ……………………………（131）
第十四章　银丝草菇 ………………………………………（134）
第一节　银丝草菇生物学特性 …………………………（134）
第二节　银丝草菇栽培技术 ……………………………（135）
第十五章　白灵菇 …………………………………………（138）
第一节　白灵菇生物学特性 ……………………………（138）
第二节　白灵菇栽培技术 ………………………………（139）
第十六章　鲍鱼菇 …………………………………………（141）
第一节　鲍鱼菇生物学特性 ……………………………（141）
第二节　鲍鱼菇栽培技术 ………………………………（142）
第十七章　灰树花 …………………………………………（143）
第一节　灰树花生物学特性 ……………………………（143）
第二节　灰树花栽培技术 ………………………………（144）
第十八章　榆黄蘑 …………………………………………（146）
第一节　榆黄蘑生物学特性 ……………………………（146）
第二节　榆黄蘑栽培技术 ………………………………（147）
第十九章　滑子菇 …………………………………………（149）
第一节　滑子菇生物学特性 ……………………………（149）
第二节　滑子菇栽培技术 ………………………………（150）
第二十章　羊肚菌 …………………………………………（153）
第一节　羊肚菌生物学特性 ……………………………（153）

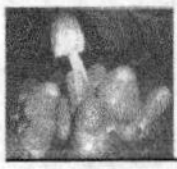

第二节　羊肚菌栽培技术 …………………………………… (154)

第二十一章　常见食用菌病虫害的防治 ……………………… (156)

第一节　食用菌常见病害 …………………………………… (156)

第二节　食用菌常见害虫 …………………………………… (168)

第三节　病虫害及杂菌的综合防治 ………………………… (172)

主要参考文献 ………………………………………………………… (175)

第一章 绪 论

一、食用菌

食用菌（edible fungi），人类食用的大型真菌。一般是指真菌中能形成大型子实体或菌核、徒手可摘并能供食用的种类。广义的食用菌也包括那些有药用价值或其他经济价值的种类，有时被统称为“大型经济真菌”。国家标准《食用菌术语》中规定食用菌是指可供食用的一些真菌。它们具有肉质和胶质的子实体，常称蘑菇或蕈。

食用菌肉质鲜美营养丰富，含有较高的蛋白质和较低的脂肪，此外，含有氨基酸，多种维生素和丰富的矿物质。经常食用，能增强机体抵抗力，起到防病保健之功效。鉴于食用菌的营养价值以及防病治病的功能，已开始把它列为人类的“第三类食品”，即动物性食物、植物性食物和菌类食物，并把食用菌称为“健康食品”。

二、我国食用菌的栽培资源、现状与历史

食用菌是仅次于粮、棉、油、果、菜的种植业。全国最大食用菌生产基地是古田县，是中国食用菌之都。目前国际市场以三大菇类为主，即双孢蘑菇、香菇、平菇。

中国疆域辽阔，食用菌资源非常丰富。据卯晓岚先生估计，我国食用菌至少可达 1 500 种或接近 2 000 种，已知的至少为 930 余种，隶属于 166 属，54 科，14 目。

中国是世界上最早认识食用菌的国家之一。在 2000 年前的史料中已有记载，《吕氏春秋》载有“味之美者，越骆之菌。”南宋陈仁玉撰写了第一部《菌谱》，其中对侧耳作过“五台天花，亦甲群汇”

的评述。还对浙江东南部十一种食用菌列述了名称，并对它们的风味、生长习性和出菇环境等作了精辟的论述。800多年前在浙江西南部山区，吴三公创始了砍花栽培香菇的方法，龙泉、庆元、景宁三县山区农民，遂以伐木栽培香菇为业，积累了在林内选场、倒树、砍花接菌和击树惊蕈的经验。20世纪30年代，上海引进了双孢蘑菇的纯种堆料栽培技术。20世纪70年代，由于人工培养纯菌丝的兴起，并开始采用木屑、棉籽壳等农副产品下脚料栽培食用菌。栽培食用菌培养料的改进，尿素、硫酸铵代替畜粪，发展无粪合成堆料。20世纪河南农业厅利用棉籽壳生料栽培成功平菇，使我国食用菌栽培迈上一新台阶，食用菌栽培发展至今。

三、食用菌生产发展趋势

人民生活水平的不断提高，国内市场对传统产品需求也在逐年扩大，应予以大力发展。同时有计划地推广多种食用菌栽培，着手研究进一步提高单产水平的技术。开发野生菌类资源，加强食用菌资源调查、野生品种驯化，进一步开发新领域。城市居民利用阳台、走廊或起居室一角，进行家庭栽培，既可随时采食，又可丰富业余生活，增长科学知识，是一件有趣的家庭园艺。发展食用菌生态种植与观光种植，增加收益，丰富人民生活。

四、发展食用菌的意义

（一）食用菌的营养价值

菇类的蛋白质含量一般为鲜菇1.5%~6%、干菇15%~35%，高于一般蔬菜，而且它的氨基酸组成比较全面，大多数菇类含有人体必需的八种氨基酸，其中蘑菇、草菇、金针菇中赖氨酸含量丰富，而谷物中缺乏，赖氨酸有利于儿童体质和智力发育。菇类含有多种维生素和多种具有生理活性的矿质元素。如维生素B_1、维生素B_{12}、维生素C、维生素K、维生素D及磷、钠、钾、钙、铁和许多微量元素，可以补充其他食品中的不足。食用菌不仅味美，而且营养丰富，常被人们称作健康食品。

（二）食用菌的药用保健价值

食用菌中含有的某些生物活性物质如高分子多糖、β-葡萄糖和RNA复合体、天然有机锗、核酸降解物、cAMP和三萜类化合物等对维护人体健康有重要的作用。食用菌具有抗癌、抗菌、抗病毒、降血压、降血脂、抗血栓、抗心律失常、强心、健胃、助消化、止咳平喘、祛痰、利胆、保肝、解毒、降血糖、通便利尿、免疫调节等作用。

（三）食用菌的经济价值

食用菌产业已成为中国农业的组成部分，向人类提供高蛋白、低脂肪食疗兼用的优质健康食品，为农民群众提供良好的就业门路。食用菌塑料袋的栽培开辟了综合利用农副产品下脚料的有效途径，变废为宝，具有良好的生态价值。

第二章 食用菌生产基础知识

第一节 食用菌的化学组成

食用菌的化学组成，随种类、发育阶段（菌丝体、菇蕾或成熟期）、基质（土地、木材的种类和质量）、采收季节的不同而有相当大的差异。现将食用菌的主要成分介绍如下。

一、水分

只有少数的菇菌新鲜时含水量在80%。多数菇菌的鲜菇含水量在90%或90%以上。干菇一般含水量为10%~13%。

二、蛋白质

一般菇菌蛋白质的含量都很高。其中脱皮马勃（*Lasiosphaera fenzii* Reich）粗蛋白的含量占干菇的60%，蘑菇占47%，只有少数种类在10%以下。粗蛋白中约为2/3是纯蛋白，其余1/3为非蛋白质的有机含氮化合物。腐烂的菇菌不能食用。

三、可溶性无氮浸出物

这些成分是总成分中扣去粗蛋白、粗脂肪、粗纤维、灰分等剩下的物质，加酸水解产生单糖，除菌糖、果糖、戊糖胶（多缩戊糖）外，还有甘露醇。特别是菌糖和甘露醇，和菇菌的风味有密切的关系，所以这两种成分含量越高，食用菌品质越好。

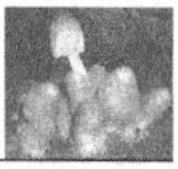

四、脂肪

菇菌中一般都含有脂肪，木耳类脂肪含量为干重的1%~2%。菇菌脂肪共同的特征是一般都含有卵磷脂。

五、粗纤维

菇菌中的粗纤维一般占百分之几，但木耳、草菇等粗纤维的含量超过10%以上，菇菌的粗纤维和高等植物的粗纤维不同，是一种接近几丁质的物质（几丁质—葡聚糖）。

六、灰分

食用菌的灰分一般占干重的2%~15%，其中含钾、铁、钙、磷、镁，还有各种微量元素，铜、锌、锰等。

七、维生素

维生素是动物发育不可缺少的物质，广泛地存在于高等动植物体内，在低等植物中含量特别多，分析表明，菇菌中也含有各种维生素。菇菌中可能还含有类胡萝卜素。菇菌类中几乎没有或完全没有维生素 B_1，但维生素 B_2 很普遍，有的菇菌维生素 B_2 的含量可与酵母相匹敌。此外还有维生素 C 和维生素 D 等。

第二节　食用菌形态结构

无论是野生的，还是人工栽培的食用菌，都是由菌丝体和子实体两部分组成的。

一、菌丝体

菌丝前端不断地生长、分枝并交织形成菌丝群，称为菌丝体。菌丝体是食用菌的营养器官。相当于绿色植物的根、茎、叶。它生长在基质中，其主要功能是从死亡的有机质中分解、吸收、转运养分，以满足菌丝增殖和子实体生长发育的需要，在食用菌生产中，菌丝体充分生长是获得丰收的物质基础。

（一）菌丝体的来源

孢子是微小的繁殖单位，在适宜条件下萌发形成管状的丝状体，每根丝状体叫菌丝。菌丝由顶端生长，在基质中蔓延伸展，反复分枝，组成菌丝群，通称菌丝体。

（二）菌丝体的双核化和子实体的形成

单核孢子萌发时产生一根菌丝，即初生菌丝，这种菌丝开始时是多核的，但很快产生隔膜，使每个细胞各具一个细胞核，又称单核菌丝。单核菌丝不能形成正常的子实体，必须进行双核化后由双核菌丝发育而成。

初生菌丝形成次生菌丝，即进行双核化，与初生菌丝相比，具有两个细胞核，菌丝体较粗长，可作为繁殖材料，可形成子实体，存在时间最长。

（三）锁状联合

是双核菌丝繁殖的一种特殊形式，通过这种联合，菌丝体不断扩大生长。其过程是最先在两个核之间生出一喙状凸起，其中一个细胞核移到喙状处，一个留在细胞基部，两个胞核同时分裂产生 4 个子核；随后，喙状突起中的两个核，其中一个仍留在喙中，另一核进入菌丝细胞前端，原来留在菌丝细胞中的两个核，一个向前移动，另一个留在基部；此时，喙状突起向下弯曲与菌丝细胞壁接触，接触处胞壁溶化，成桥形，同时喙状突起的基部生一隔膜；最后，喙状突起中的核从菌丝壁溶化处进入菌丝细胞，在核下方内生一横隔膜，将菌丝细胞分裂成两个子细胞。锁状联合使每个子代细胞都含有来源于父母亲本的核，当菌丝尖端继续向前伸长，新的锁状联合又开始进行。

二、子实体的构成

产生孢子的子实体，是食用菌的繁殖器官。主要功能是产生孢子，繁殖后代，供人们食用。

子实体的形成：单核菌丝→双核菌丝→三级菌丝（组织化）→子实体。

（一）子实体结构

食用菌以担子菌为多，这里将以其为代表介绍食用菌的子实体形态结构。食用菌的子实体由菌盖、菌褶、菌柄、菌环、菌托等几部分组成。

1. 菌盖

菌盖是食用菌子实体的帽状部分，多位于菌柄之上。它是食用菌最明显的部分，是食用菌的主要繁殖器官，也是人们食用的主要部分。菌盖的形态、大小、颜色等因食用菌种类、发育时期和生长环境不同而异。菌盖包括菌肉、菌褶（或菌管）、子实层、孢子。

2. 菌柄

菌柄生长在菌盖下面，是子实体的支持部分，也是输送营养和水分的组织。菌柄的形状、长短、粗细、颜色、质地等因种类不同而各异。

3. 菌环

部分食用菌具有，是内菌幕残留在菌柄上的环状物。

4. 菌托

部分食用菌具有，是外菌幕遗留在菌柄基部的袋状物或环状物。

5. 孢子

孢子是真菌繁殖的基本单位。简单的说，食用菌孢子就是食用菌繁殖的种子。不同种类真菌孢子的大小、形状、颜色以及孢子外表饰纹都有较大的差异，这也是进行分类的重要特征和依据。孢子可分成有性孢子和无性孢子两大类。食用菌中常见的孢子有担孢子、子囊孢子、分生孢子、厚垣孢子、粉孢子。

（二）其他结构

1. 菌核

由菌丝体的菌丝相互紧密缠结在一起而成的菌丝组织体。质地坚硬，色深，大小不一，一般呈深褐色。菌核有很强的再生能力，可以作为菌种分离的材料或作菌种使用。

2. 菌索

菌丝体缠结成绳索状。

3. 子座

子座可以纯粹由菌丝体组成，也可以由菌丝体和部分营养基质相结合而形成。子座形态不一，食用菌的子座多为棒状。

第三节 食用菌生长发育与环境的关系

一、营养

（一）生长发育需要的营养

食用菌生长发育需要多种养分，按其化学性质和功能归类，主要是碳源、氮源、矿物质及微量元素、生物素等。

1. 碳源

碳是一切有机物的核心，是构成生物细胞的结构物质和能源物质的骨架，食用菌的碳源主要来自有机物质。如纤维素、半纤维素、木质素、淀粉及少量的糖。具体一些就是锯末、棉籽皮、玉米芯、树棒、麦麸等。

作为碳源，除少数的碳水化合物不能被利用之外，可利用单糖到纤维素等各种复杂的碳水化合物，如纤维素、葡萄糖、果糖、蔗糖、麦芽糖、半乳糖、糊精、淀粉、半纤维素、木质素、有机酸、某些醇类等。

2. 氮源

氮是生物合成蛋白质必不可少的部分，可利用有机氮（蛋白质和氨基酸）、无机氮（硝铵和尿素）。在栽培过程中，应多使用有机氮，少使用无机氮，无机氮多会使口感和风味变差。

所需要的氮素主要有蛋白质、氨基酸、尿素、氨、铵盐和硝酸盐等。蛋白质必须经蛋白酶分解成氨基酸后才能被吸收；其他小分子氮素化合物菌丝体可直接吸收。

3. 矿物质及微量元素

食用菌生长中，磷是构成遗传物质所必要的元素，钾是细胞中的大量元素。补充这两种元素主要用磷酸二氢钾，一般浓度 0.2%左右。另外食用菌生长中还需要一部分微量元素，如铁、铜、锌、锰、钴、钼、硼等，每升培养基只需 1/4 毫克。这些金属元素在普通水（河水、自来水）中都有，一般培养料不再添加。

在食用菌生长中经常使用石灰或石膏，既有钙代谢作用，也能调整酸度。

4. 维生素及其他

食用菌需要量最大的是维生素 B 族。通常在母种制作过程中要加一些维生素 B_1。另外，为了提高产量和促使菌丝体旺盛，加入一些赤霉素和三十烷醇，但需特别注意不同品种的使用浓度。

（二）营养特点

真菌是一类没有叶绿素的异养型真核生物，不能通过光合作用。真菌在生长发育过程有两个现象：合成代谢和分解代谢。食用菌吸收营养物质的特点，大量元素是通过化合物的形式吸收利用。食用菌的碳素营养都是通过生物降解作用，把植物的残体加以降解后利用的。葡萄糖是可广泛利用的碳源。氮素营养的利用与碳素营养相似。动植物残体被微生物分解后，其中间产生的代谢产物可被食用菌利用。食用菌需要的碳、氮等营养成分，除少数菌根菌必须依靠与共生的植物供应外，一般可以从农、林副产品的枝叶、木屑、作物秸秆或粪土中得到满足。硝酸盐是广泛利用的氮源。绝大多数真菌是好气性的。真菌的微营养（如维生素、生长素、激素等）非常重要，在生产中通过添加辅料诸如米糠、麸皮等予以补充。真菌的某些次生代谢产物，如柠檬酸和氨基酸，在真菌细胞内具有螯合作用，对于 pH 值的稳定性起缓冲作用，从而可使某些微量元素发挥有效性。C/N 碳和氮的比例也要恰当，一般地说，食用菌的菌丝迅速生长期间，其基质的

C/N 比高，以 20：1 为好。在子实体分化发育阶段，C/N 过高则不能形成菌蕾；C/N 过低，则又使众多的原基夭折。

二、温度

（一）食用菌对环境温度的反应规律

食用菌的生长适温为 20~30℃。菌丝体生长的温度范围大于子实体分化的温度范围，子实体分化的温度范围大于子实体发育的温度范围。

根据食用菌对温度的反应可以将温度分为：最低温度——低于这个温度，食用菌停止生长；最适温度——在这个温度下，食用菌生长最好；最高温度——超过这个温度，食用菌就不能生长。食用菌菌丝体较耐低温，在 0℃左右时不会死亡。然而，食用菌菌丝一般却不耐高温。只有草菇例外，菌丝体在 40℃的高温下仍能正常生长，但在 5℃下极易死亡。除草菇外，一般食用菌菌丝生长的适宜温度为 20~25℃。有些食用菌品种，在营养生长转入生殖生长时，降温是诱发子实体原基形成的重要因素。

（二）食用菌的温度类型

根据子实体形成所需要的最适温度，将食用菌划分为 3 种温度类型。

1. 低温型

子实体分化温度为 20℃以下，最高温度不超过 24℃。如香菇、金针菇、蘑菇、平菇、滑菇、猴头菌等。

2. 中温型

子实体分化温度为 20~24℃，最高温度不超过 28℃。如银耳、黑木耳、大肥菇、榆黄蘑等。

3. 高温型

子实体分化温度为 24℃以上，最高温度不超过 30℃。如草菇、凤尾菇等。

又根据食用菌子实体分化时对温度变化反应的不同，又可把食用菌分为两种类型：恒温型与变温型。

三、水分和湿度

水是食用菌的组成成分，水参与其新陈代谢，水分的控制包括基内水分和空气相对湿度。

（一）空气相对湿度

空气相对湿度直接影响培养料水分的蒸发和子实体表面的水分蒸发。对于大多数食用菌来说，菌丝体生长阶段需要60%~70%的空气相对湿度，亦有介绍空气相对湿度一般为70%~75%的。而在子实体发育阶段，相对湿度一般控制在80%~90%。

（二）培养基质含水量

在食用菌生长发育过程中，一般是菌丝生长相对于子实体来讲，对基质含水量要求较低。

四、空气

食用菌是好气性菌类。一般菌丝生长期对氧气的需求量较小，对二氧化碳不敏感。子实体分化阶段，食用菌从营养生长转入生殖生长，这时的氧气需求量较低。子实体形成之后，对氧气的需求量急剧增加。

五、光照

光照对于食用菌子实体分化和发育关系重大，对菌丝生长几乎没有关系。只有双孢蘑菇和大肥菇可以在完全黑暗的条件下正常生长。食用菌不需要直射光。但大部分食用菌的子实体分化和发育都需要一定的散射光。

六、酸碱度

多数食用菌喜酸性环境，适宜的培养料 pH 值范围为 3~8，以 6~6.5 为宜。大部分食用菌在 pH 值为 7 时生长会受阻，大于 9 时生长停止。

在培养料中加入适量磷酸氢二钾、石膏、碳酸氢钙等缓冲物质，使培养基的 pH 值得到稳定，在产酸过多时，可添加适量的碳酸钙等。

七、生物与土壤

食用菌与其他不同种类的生物或微生物生存在同一环境中，彼此之间发生着复杂的关系，主要表现在种间共处、伴生、共生、竞争、拮抗、寄生和啮食等方面。和食用菌具有寄生关系、竞争关系、共生关系的微生物，对食用菌容易形成为害。

有些食用菌子实体形成需要有土壤的存在，如双孢菇、鸡腿蘑等。

第四节　消毒与灭菌

一、灭菌

采用强烈的理化因素使任何物体内外部的一切微生物永远丧失其生长繁殖能力的措施，称为灭菌。灭菌的彻底程度受灭菌时间与灭菌剂强度的制约。微生物对灭菌剂的抵抗力取决于原始存在的群体密度、菌种或环境赋予菌种的抵抗力。灭菌是获得纯培养的必要条件，也是食用菌生产进行纯培养的必需技术。

灭菌常用的方法有化学试剂灭菌、射线灭菌、热力灭菌和过滤除菌等。可根据不同的需求，采用不同的方法，但在食用菌生产中主要采用热力灭菌。

利用高温杀死微生物的方法称热力灭菌。热力灭菌法包括干热灭菌与湿热灭菌法。湿热灭菌法是用饱和水蒸气、沸水或流通蒸汽进行灭菌的方法。其优点是穿透力强。湿热灭菌的灭菌效率比干热灭菌法高，是食用菌生产中最常用的灭菌方法。

（一）高压蒸汽灭菌法

利用高温高压蒸汽灭菌。高压灭菌所采用的蒸汽压力与时间，应根据具体物质而定。琼脂培养基采用1.05千克/平方厘米的压力，温度121℃，灭菌20~30分钟；母种和栽培种固体培养基采用1.2~1.5千克/平方厘米的压力，温度123~129℃，灭菌1~1.5小时。

（二）常压蒸汽灭菌

将灭菌物置于常压灭菌锅内，以自然压力的蒸汽进行灭菌的方法。常压灭菌灶的建造方法根据各地习惯而异。常压灭菌的时间通常以见冒大气（100℃）开始计算，一般维持8~10小时。灭菌时注意不要将灭菌物排得过密，以保证灭菌锅内的蒸汽流通。开始要求以旺火猛攻，使灭菌灶内的温度尽快上升至100℃，中途不能停火，经常补充热水以防蒸干。此法的优点是建灶成本低、容量大，但灭菌时间长、能源消耗量大。

（三）间歇灭菌

将待灭菌的培养基或物品装入常压灭菌器内，加热至100℃大量产生气体时，维持30~60分钟，每天灭菌1次，连续灭菌3天。每次蒸煮间隙里，培养基或物品应放在室温（20~30℃）条件下培养，第一次蒸煮杀死微生物的营养体，芽孢则在培养过程中萌发成营养体；第二次蒸煮即可杀死。经过二次培养、三次反复蒸煮，即可达到完全灭菌。

（四）干热灭菌

利用热空气进行灭菌的方法。灭菌温度140~160℃，时间2~3小时，它只适用于金属及玻璃器皿的灭菌。电热干燥箱是干热灭菌常用的设备。

（五）灼烧灭菌法（又称火焰灭菌）

是直接利用火焰直接把微生物杀死的方法，它只适用于金属制的工具、玻璃器皿口等物品的灭菌。

（六）焚烧法

用于污染物、废弃物的处理。

二、消毒

消毒是指利用温和的物理化学因素抑制病原体繁殖的手段。

(一) 低温消毒法 (巴氏消毒法)

一些不耐高温的食品，如牛奶、果子酒、酱油等，需要低温消毒，加热到60℃维持30分钟，即可杀死食品中的病原菌及多数细菌营养体。

蘑菇培养料的后发酵，就是采用巴氏消毒法，杀死有害于蘑菇的病虫杂菌。

(二) 沸水消毒法

主要用于针筒等器材的消毒，将有关的器材置沸水中烧煮一定时间，以杀死微生物的营养体。

(三) 化学药剂消毒法

这是利用化学药剂进行杀菌的方法。常用的杀菌剂的种类及使用浓度如下。

1. 二氯异氰尿酸钠烟雾剂

二氯异氰尿酸钠是一种高效、广谱、新型内吸性杀菌剂，可杀灭各种细菌、真菌和病毒。

2. 煤酚皂

是常用的一种消毒剂，煤酚皂的主要成分为甲基苯酚来苏尔。1%~2%水溶液用于手和皮肤消毒；3%~5%溶液用于器械、用具消毒。

3. 酒精

75%的酒精用于消毒。

4. 过氧化氢

一般情况下用3%或5%浓度的即可。

5. 二氧化氯

消毒剂是国际上公认的高效消毒灭菌剂，它可以杀灭一切微生物，包括细菌繁殖体、细菌芽孢、真菌、分枝杆菌和病毒等，并且这些细菌不会产生抗药性。

6. 高锰酸钾

常用的高锰酸钾溶液浓度是0.1%。

7. 氯气

自来水清洁剂，浓度为1毫克/千克。

8. 漂白精

浓度为400毫克/千克。

9. 甲醛（福尔马林）

5%甲醛溶液用于种子表面消毒，原液可用于接种箱、培养室、栽培室等空间消毒，熏蒸用量6~10毫升/立方厘米。

10. 新洁尔灭

0.25%新洁尔灭溶液可用作皮肤、种子消毒。

（四）臭氧消毒

臭氧可使用臭氧发生器制取，臭氧的分子式为O_3。臭氧是一种强氧化剂，灭菌过程属生物化学氧化反应。

臭氧是一种无污染的消毒剂。O_3为气体，能迅速弥漫到整个灭菌空间，灭菌无死角。臭氧消毒空气，人要在消毒后至少过30分钟才能进入。

臭氧为强氧化剂，对多种物品有损坏，浓度越高对物品损坏越重，可使铜片出现绿色锈斑、橡胶老化，变色，弹性减低，以致变脆、断裂，使织物漂白褪色等。

（五）干燥消毒

利用干燥使微生物失水，达到杀菌或抑菌的目的，称为干燥消毒。食物、药品等经过适当干燥，便可长时间保存，蘑菇干片即是。

（六）渗透压消毒

利用高渗透压杀菌或抑菌的方法称渗透压消毒。在高渗溶液中，微生物细胞由于脱水，质壁分离，不能正常进行新陈代谢而死亡，盐水蘑菇就是利用这一原理制成。

（七）紫外线消毒

多用于培养室、接种室（箱）的消毒。

第五节　场地建设

一、栽培场地选择

场地应选择交通便利，物资进出方便，水、电源充足，排水畅通，应远离养殖场、垃圾场、酿酒厂、酿醋厂、学校、医院及居民区。

对路面及场地要进行平整、碾压、硬化，既方便生产、经营，减少原料浪费，又避免因菇棚负荷过重，引起倾斜或坍塌，造成损失。

二、栽培设施建设

不同的地区、季节食用菌设施建设侧重点不同，食用菌设施建设差异很大，潮湿地区以通风为主，低温季节以保温为主，高温季节与地区则以降温为主同时兼顾防虫。

但不论哪类设施等都应注意以下几点：第一要抗风。第二要能承重，经得起雪压，能承受住大雨后草帘的重量。第三要防止水灌。第四床架要结实。第五能够通风换气并可调节光照与温度。

第三章　菌种制作

食用菌生产所用的菌种，是提供繁殖而分级制作的菌丝体培养物，相当于高等植物的种子。通常所指的菌种，实际上是经过人工培养并进一步繁殖的食用菌的纯菌丝体。菌种的优劣主要取决于菌株原有的种性及制种技术水平的高低。制种是食用菌生产最重要的环节。菌种好坏，直接影响食用菌的产量和质量。

菌种生产的主要设施有厂房、原料库、原料预处理场地、洗涤室、配料室、灭菌室、接种室、化验室培养室、贮存室等。

第一节　菌种类型与制作流程

一、菌种类型

在自然界中，食用菌的种子主要是孢子。而人工栽培食用菌时，一般是用孢子或子实体组织细胞经培养萌发形成的纯菌丝体作为播种材料。通常所指的菌种，实际上是经过人工培养并进一步繁殖的食用菌的纯菌丝体。菌种的优劣，直接影响到食用菌的产量和质量。

优良菌种包含两大方面的含义，一是指菌种本身的生物学特性，如高产、优质、抗逆性强。二是指菌种纯度高、无虫害、无杂菌。因此培育优良的菌种，是提高食用菌生产水平的重要环节。

菌种一般分为母种、原种和栽培种三类。一般把从自然界中，首次通过孢子分离、组织分离、菇木或基质菌丝分离纯化，并在试管培养基上繁殖的菌丝体、芽孢及其培养基质，而得到的纯菌丝体称为母种，或称一级种。它是菌种类型的原始种。原始母种通过移接（转管）成数支试管（斜面）种，这些移接的试管种，亦可称为母种。把母种接到木屑、谷粒、棉籽壳、粪草等瓶（袋）固体装培养基或液体上培养而成的菌种称为原种，或称二级种。它是母种和栽培种之间的过渡种。把原种扩接到相同或类似的材料上，进行培养直接用于生产的菌种称栽培种，或称三级种。菌种通过三级扩大，菌种数量大为增加。原种和栽培种，均能直接用于生产。栽培种不能再扩大繁殖栽培种（银耳菌种例外），否则会导致生活能力下降。

二、制种程序与制种程序

食用菌的菌种生产，一般按三级菌种的生产程序进行，基本上是按菌种分离→母种扩大培养→原种培养→栽培种培养的程序进行。

食用菌菌种制作的工艺流程如下。

培养料的贮备和预处理—容器、工具的洗涤—配料、培养基制作及分装—灭菌—冷却—接种—培养—贮存保藏。

母种可以通过分离培养获得的或引进的母种。作为食用菌生产企业来讲，一般是从专业的育种或菌种保藏单位购买，然后扩繁。

第二节　制种的基本设备与用具

一、灭菌设备

主要有灭菌锅。一般是指用于培养基和其他物品消毒灭菌的蒸汽灭菌锅。灭菌锅是制种工序中必不可少的设备。灭菌锅有高压灭菌锅和常压灭菌锅两种。

（一）高压蒸汽灭菌锅

高压蒸汽灭菌锅是一个密闭的，能承受压力的金属锅，在锅底或夹层中盛水，锅内的水煮沸后产生蒸汽。由于蒸汽不能向外扩散，迫使锅内的压力升高，即水的沸点也随之升高，因此可获得高于100℃的蒸汽温度，从而达到迅速彻底灭菌的目的。具有灭菌时间短、效果好、省燃料等优点。缺点是投资较大，工厂生产的手提式、直立式、卧式等，也有用钢板自制的。高压灭菌锅的形成与规格较多，有立式、卧式、手提式，能源可用电、蒸汽、煤、原油等。

1. 手提式高压灭菌锅

此种灭菌锅的容量较小，主要用于母种斜面培养基、无菌水等灭菌用，可用煤气炉、木炭或电炉作热源。较轻便、经济。

2. 立式和卧式高压灭菌锅（柜）

这两类高压锅（柜）的容量都比较大，每次可容纳750毫升的菌种瓶几十至几百瓶，主要适用于原种和栽培种培养基的灭菌，用电热作热源。

3. 自制简易高压锅

菌种生产量较大的菌种厂可自制简易高压锅。采用10毫米厚的钢板焊接成筒状锅体，底和盖用15毫米厚的钢板冲成半圆形，平盖灭菌时棉塞易潮湿。锅口用紧固的螺丝拧紧密封，锅上安装压力表、温度计、安全阀、放气阀、水位计、进出水管等设备。以煤作燃料，用鼓风机助燃升温。菌种袋（瓶）放入铁提篮内，吊入锅中，一般放4~5层，每锅装800~1 000袋（瓶），适合于专业菌种厂制作栽培种培养基的灭菌。

4. 蒸汽式高压锅的使用

首先检查所用高压锅的状况，确认完整无损方可使用。将水加到高压锅内至其刻度线，将欲灭菌物品放入锅内，灭菌锅内的基质排列一定要稀疏些，使蒸汽流运畅通。关闭锅门，拧紧螺丝并确认已经封闭。打开排气阀，随之打开蒸汽开关，向锅内输入蒸汽或接通电源或开始加热，使蒸汽产生。灭菌锅内的冷空气必须排尽，观察排气阀的排气情况，待排出的气体由冷气变为蒸汽，压力表达到0.05千克/平方厘米时，关闭排气阀。观察压力表，当压力升至0.15千克/平方厘米时，开始计时。压力达0.15千克/平方厘米后，可调节进气阀，减少进气量，维持压力并使其稳定在0.15千克/平方厘米。电加热时，可切断电源，维持压力规定时间。关闭进气阀门或切断电源或停止加热，让锅内物品自然冷却，不可马上打开排气阀，以免发生意外。灭菌时升压和降压要缓慢。待锅内压力降为零时，可打开锅盖，取出物品，灭菌过程应注意保持棉塞等封口物的干燥。

5. 高压锅使用时的注意事项

(1) 汽未放尽前，不得开启高压锅。

(2) 如果灭菌后的培养基在锅内不及时拿出，需在蒸汽放尽后将锅盖打开，切忌将培养基封闭在锅内过夜。

(3) 压力表指针在 0.05 千克/平方厘米以上时，不能过快放气，以防止压力急速下降，液体滚沸，从培养容器中溢出。

(4) 操作过程中，请注意安全，小心烫伤。

(二) 常压灭菌锅

是自制的常压蒸汽灭菌锅，也有使用常压蒸汽锅炉供汽灭菌的。

1. 土蒸锅

用砖砌成灶，灶上用砖和水泥砌成桶状或方形蒸汽室，底部为大铁锅。可从侧面开门，也可以从顶盖进出。门上附有放温度计的小孔，铁锅上沿设有进出水管。每锅可容装 1 200~1 400袋（瓶）不等。土蒸锅形式简单，制作简易，可以就地取材，造价低廉，但杀菌时间较高压锅长。

2. 蒸笼锅

蒸笼灭菌适宜于农村制种量小，条件差的单位。采用蒸笼灭菌时，密闭条件较差，由于锅内温度最高是100℃，所以灭菌时间从温度达100℃开始计时，需保持6~9 小时。

二、消毒设备

常用的有臭氧发生仪、紫外线灯、空气过滤器。市场上类型很多，生产中自主选择，注意使用规程。

三、接种设备

（一）接种箱

用木材和玻璃制成，要求密闭。接种箱的前后装有两扇能启闭的玻璃窗，下方开两个小洞口，洞口装有布袖套。箱的大小可自行决定，以方便操作为宜。接种箱结构简单制造方便，成本低，且体积小，便于彻底消毒。

（二）接种室

要求密闭、干燥，体积 5~7 立方米为宜，外面应设有一间缓冲室，两室的上方要求安装紫外线灭菌灯及日光灯。

（三）超净工作台

是利用过滤灭菌的原理，先将空气过滤，得到无菌空气，然后将无菌空气从风洞处打出，使工作台范围内成无菌状态。

（四）负离子发生器

是采用强电离对空气进行灭菌的一种新方式。通过电离使用菌体蛋白质和核酸变性死亡，灭菌效果较理想。

（五）塑料接种帐

采用塑料薄膜制作，规格多样。自制购买均可。

四、培养设备

（一）培养室

培养室是培养菌种的场所。室内装有放置菌种的架子。要求干燥向阳，房间不宜过大，面积 20~25 平方米。

（二）电热恒温培养箱

电热恒温培养箱是采用自然对流通外式的结构，冷空气从底部风孔进入，经电热器加温后，从两侧对流孔间上升，并从内胆左右侧小孔进入内室，再经箱顶的封顶盖调节，使内室温度均衡。

（三）霉菌培养箱

霉菌培养箱培养微生物时可以设置相应的温度、湿度。

温度计、湿度计。用来观察培养室、栽培室等处温度、湿度、以便根据情况加以调节。常用的有棒形温度计和干湿球温度计。

五、主要用具、器皿与药品

（一）试管

有多种规格，常用的是21毫米×200毫米、25毫米×200毫米等。

（二）菌种瓶

一般容量是750毫升、口径3厘米的玻璃瓶或塑料瓶，也有用罐头瓶、广口瓶生产的。效果以前种规格为好。但均要求能耐高温、高压，并要求无色透明，便于检查菌丝生长和杂菌污染情况。

（三）塑料袋

生产菌种的塑料袋要求用聚丙烯薄膜袋，常用的规格是17厘米×34厘米。塑料颈圈高3厘米，直径3.5厘米。用橡皮筋或塑料绳扎口。亦有采用聚乙烯塑料袋的。

（四）衡量器具

配料室一般应配备磅秤、手秤、粗天平、量杯、量筒等，以供称（量）取用量较大的培养料、药品和拌料用水等。

（五）孢子收集器

用来采收菌类孢子的一种装置，包括底盘、培养皿、三角架、纱布及有孔灯罩或钟罩等。

（六）拌料设备

拌料必备的用具有铁铲、铝锅、电炉或煤炉、水桶、专用扫帚和簸箕等。具有一定规模的菌种厂，还应具备一些机械设备，如枝丫切片机、木片粉碎机、秸秆粉碎机和拌料机等。

（七）装料设备

采用手工装料，无需特殊设备，只要备一块垫瓶（袋）底的木板和一根丁字形捣木（供压料时用）。但具有一定规模的菌种厂，应购置装料机。装料时，以玻璃瓶做容器的要压料和打接种穴，可用瓶料专用打穴器。以塑料袋做容器，制银耳和香菇栽培种，一般装料后随即要在袋壁打接种穴，可用塑料袋专用打穴器。

（八）接种机

可提高接种速度，降低劳动强度，提高接种成活率。

（九）液体菌种发酵罐

目前较为先进的菌种培养设备，要求培养环境干净。

第三节 培养基制作

一、培养基的配制原则

培养基是用人工方法将各种营养物质配合，供给食用菌生长繁殖的营养基质。培养基必须具备三个条件：第一是有食用菌生长所需的物质，如水分和养分，这些物质要有合适的比例；第二要具有一定的生化反应所需的合适酸碱度和一定的缓冲能力，具有合适的渗透压和一定的氧化还原电位；第三必须经严格灭菌，保持无菌状态。

由于食用菌菌种培育通常采用三级生产，即母种培育、原种培育和栽培种培育，所以和生产菌种相对应用的培养基也可分为三种类型。

二、培养基的种类

（一）天然培养基

天然培养基也称复合培养基，是含有化学成分还不清楚或化学成分不恒定的天然有机物。

天然培养基主要取自动物体液或从动物组织分离提取。其优点是营养成分丰富，培养效果良好，缺点是成分复杂，来源受限。天然培养基的种类很多。

（二）合成培养基

合成培养基是通过顺序加入准确称量的高纯度化学试剂与蒸馏水配制而成的，其所含的成分（包括微量元素在内）以及他们的量都是确切可知的。合成培养基一般用于实验室中进行的营养、代谢、遗传、鉴定和生物测定等定量要求较高的研究。

(三) 半合成培养基

又称半组合培养基，指一类主要以化学试剂配制，同时还加有某种或某些天然成分的培养基。例如培养真菌的马铃薯蔗糖培养基等。严格地讲，凡含有未经特殊处理的琼脂的任何合成培养基，实质上都是一种半合成培养基。半合成培养基特点是配制方便，成本低，微生物生长良好。发酵生产和实验室中应用的大多数培养基都属于半合成培养基。

三、培养基制作

培养基种类繁多，不同的培养基制作差异很大。

(一) 母种（一级种）培养基的制备

这里以马铃薯葡萄糖琼脂（PDA）培养基为例进行介绍。

1. 配方

马铃薯（土豆）200 克、葡萄糖 18~20 克、琼脂 18~22 克、水 1 000 毫升 pH 值自然。

2. 称量和熬煮

按培养基配方，称取去皮 200 克土豆，切成小块放入锅中，加水 1 000 毫升，加热至沸腾，维持 20~30 分钟（能用玻璃棒戳破即可），用 2 层纱布趁热在量杯上过滤，滤渣弃取。滤液补水分至 1 000 毫升。

3. 加热溶解

把滤液放入锅中加热，再据实际实验需要加入 18~22 克琼脂，继续加热搅拌混匀，待琼脂溶解完后，加入葡萄糖，搅拌均匀，稍冷却后再补足水分至 1 000 毫升。

4. 分装

按要求，将配制的培养基装入试管或 500 毫升三角瓶内。分装时可用三角漏斗，以免使培养基沾在管口或瓶口上造成污染。

分装量：固体培养基约为试管高度的 1/5，灭菌后制成斜面，分装入三角瓶内以不超过其容积的一半为宜；半固体培养基以试管高度的 1/3 为宜。灭菌后垂直待凝。

5. 加棉塞

培养基分装完毕后，在试管口或三角烧瓶口上塞上棉塞（或泡沫塑料塞或试管帽等）。

棉塞的作用：一是防止杂菌污染；二是可过滤空气，保证通气良好，并可减缓培养基水分的蒸发，所以正确地制备棉塞是培养基制备中重要的一环。

正确的棉塞是形状、大小，松紧应与试管口（或三角烧瓶）完全适合。过紧则妨碍空气流通，操作不便；过松有时会影响灭菌效果。正确的棉塞头较大，加塞时，应使棉塞长度的 1/3 留在试管口外，2/3 在试管口内。也可采用硅胶泡沫塞替代棉塞，制作棉塞要选纤维较长的棉花，一般不选用脱脂棉。

6. 包扎

加塞后，将全部试管用麻绳或橡皮筋捆好，再在棉塞外包一层牛皮纸，其外再用一道线绳或橡皮筋扎好，用记号笔注明培养基名称、组别、配制日期。

7. PDA 培养基灭菌

分装的试管或者锥形瓶，加塞、包扎，高压 1.05 千克/平方厘米，121℃灭菌 20~30 分钟。灭菌后按高压锅使用规程取出试管摆斜面或者摇匀。

8. 摆斜面

灭菌结束后立即取出试管斜放于桌面上，做成斜面培养基。锥形瓶取出后摇匀。保温凝结备用。

9. 检查灭菌效果

挑取 2~3 支试管或锥形瓶，放置于 25℃恒温箱中培养 3~5 天，若培养基表面没有发现杂菌以及乳白色细菌产生，则表示灭菌彻底，可供扩接母种使用。

（二）二级种、三级种培养基的制备

原种、栽培种培养基可用相同配方，配制步骤也基本相同。原种由母种繁殖而成，主要用于繁殖栽培种，但也可直接用于栽培生产。

1. 原种、栽培种常用培养基配方（仅供参考）

（1）木屑培养基：木屑 78%、麸皮（或米糠）20%、石膏 1%、糖 1%，水适量。适用于平菇、木耳、香菇、猴头。

（2）棉籽壳培养基：棉籽壳 78.5%、麸皮或米糠 20%、石膏 1.5%，水适量。适用于平菇、猴头、金针菇、鸡腿蘑。

（3）粪草培养基：稻草（切碎）78%、干粪 20%、石灰与石膏各 1%，水适量。适用于蘑菇、草菇、鸡腿蘑、姬松茸。各种培养料应是无霉烂、新鲜、干燥。各种培养基的含水量应保持在 60%左右。

2. 分装

将培养料拌匀装入菌种瓶（或袋）内、装料松紧适宜，上下一致，装料高度以齐瓶（袋）肩为宜。然后用锥形木棒在瓶的中央向下插一个小洞，进行封口。

3. 灭菌

装好的料瓶（袋）要当天灭菌，以免培养料发霉变质。常压灭菌温度维持在 100℃，持续时间 8～10 小时。高压灭菌压力维持在 1.5 千克/平方厘米，持续时间 1～2.5 小时。

4. 冷却

灭菌的培养料应进行冷却，使其温度降到适合食用菌接种为宜。冷却环境要洁净，注意降温速度不要过猛，防止二次污染。

第四节 接 种

按无菌操作技术要求将目的微生物移接到培养基质中的过程。

一、母种接种

（一）接种设施及消毒处理

1. 接种箱

首先将接种箱清理擦拭干净，然后把接种用工具、母种、酒精灯及备用的母种培养基放入接种箱并密封，准备消毒。常用的方法有以下几种。

（1）甲醛熏蒸：用量为每立方米10毫升。方法是按接种室体积计算甲醛用量，将甲醛放入特定容器中，再按甲醛毫升数的一半数称取高锰酸钾所需克数，放入玻璃或铁制容器中即可。消毒时间30~60分钟。目前生产上几乎不再采用，只是作为基本知识介绍。

（2）二氯异氰尿酸盐烟雾剂：用火柴或烟火点燃即可。具体使用量按药物说明书操作。

（3）紫外线灯照射：打开紫外灯照射30~60分钟。

2. 超净工作台

打开超净工作台消毒30分钟以上。

（二）食用菌PDA试管母种接种工艺

操作前首先用75%酒精擦手消毒，再选取试管斜面菌种一支，(若从冰箱中取，需在22℃恒温箱中活化24小时)，在酒精灯火焰旁将棉塞顺时针旋转松动，而右手小指和无名指基部夹紧棉塞轻轻拿起在火焰上烧红的接种钩，而后慢慢倾斜灼烧伸进菌种试管内，贴在管壁上冷却，冷却后除去较差的前端菌种和气生菌丝，然后接种钩暂放试管内，取PDA空白斜面一支，放在左手中指与无名指之间与斜面菌种试管紧靠，管口对齐，并旋动棉塞。

用接种钩挑取一小块菌种块，迅速抽出，并伸进空白斜面试管内，并将菌块接入在斜面中央。

灼烧试管口，并在火焰旁将棉塞塞上。注意不要用试管去迎棉塞，以免活动时吸入带菌空气而染菌。

将接种钩放回原试管中，再重新挑取空白斜面试管，放在左手菌种试管旁，如上述操作接第二支PDA斜面，直至全部接完为止。

接完将接种钩放回架上，棉塞塞紧菌种试管放在一旁。

接种后在试管上贴标签，注明名称、菌号、日期，最后放入恒温箱进行培养。

（三）食用菌母种接种注意事项

1. 酒精灯火焰要高

酒精灯火焰不够高时，火焰周围的无菌范围小。影响酒精灯火焰大小的因素，一是酒精浓度，二是灯芯。酒精浓度越高燃烧越好，最好使用95%的工业酒精。灯芯材料太实，塞得过紧时，内吸的酒精少，火力也不旺。灯芯最好用棉花捻制，并拔出一定的长度。

2. 母种试管表面和管口要灭菌彻底

接种时要注意试管表面和管口的灭菌。具体方法：拔下棉塞后，在酒精灯火焰上转动2~3圈，这样可有效地减少菌种造成的污染。

3. 拔塞、取种、接种及棉塞必须在火焰上方或附近

操作时母种试管和待接种的试管一旦打开棉塞，就不能离开火焰。

4. 接种钩要灼烧彻底

接种钩最好用较薄的材料制成，灼烧时烧至红色。并注意接种钩灼烧的长度，灼烧长度以试管长度为度，在火焰上方反复灼烧3~4次即可。

5. 接种时掉到地上的棉塞不能使用

接种时棉塞要夹于右手指间，不可放在操作台上。一旦掉到台面上，塞之前要在火焰上过一遍再用。掉到地上的棉塞严禁使用。

6. 接种钩火焰灭菌后要冷却

不经过冷却的接种勾会烫死菌种。冷却一般在无菌的待接种的试管上部空间进行，也可在斜面上端冷却。

7. 消毒酒精要清洁，注意定期更换

8. 操作要到位

动作轻盈、敏捷、快速、准确，尽可能地减小声音。

9. 接种操作后的工作

及时清理，打开门窗，排除接种时酒精燃烧放出的废气。之后关好门窗，打开紫外线灯进行使用后的消毒，便于以后使用。

（四）食用菌母种生产中常见的问题与处理方法

母种生产中常出现以下方面的问题，要分析具体原因并采取相应的技术措施。

1. 培养基凝固不良

有时灭菌后培养基凝固不良，甚至不凝固。琼脂量不足或培养基酸化。

2. 接种物不萌发

接种三日后，接种物一直不萌发，母种丧失活力、培养基有问题、不耐低温保藏的某些种或品种。

3. 菌种生长不整齐

多属品种退化老化。

4. 细菌污染

多为灭菌不彻底、操作带菌或母种带菌。

5. 真菌污染

试管表面和管口处理不彻底，接种时还带有霉菌孢子，接种物表面的菌丝有轻度霉菌污染，冷却时冷凝水曾浸湿棉塞或分装时管口沾有培养基，培养环境大气相对湿度过高，通风不良。

二、原种与栽培种接种

接种箱、接种室消毒处理与母种接种相同。

接种是在无菌的条件下，把母种移接到原种培养基上或把原种移接到栽培种培养基上，并封口。

第五节　菌种的培养与检查

一、母种培养

接种后的试管母种，置于菌丝生长最健壮的温度下，在恒温箱中培养，经过2~3天即可检查生长情况，纯洁菌种经过培养，母种菌丝即可长满斜面培养基。

二、原种与栽培种培养

接种后的原种或栽培种全部拿到培养箱或培养室，根据不同食用菌菌丝发育最适温度进行培养。培养 2~3 天，菌丝开始生长时，要每天定期检查，如发现黄、绿、橘红、黑色杂菌时，要及时拣出清理。培养室切忌阳光直射，但也不要完全黑暗；注意通风换气，室内保持清洁，空气相对湿度不要超过 65%；同时菌种瓶、袋不要堆叠过高，瓶间要有空隙，以防温度过高造成菌丝衰老，生活力降低。加温的培养室要保持室内温度稳定。经常调换原种、栽培种的排放位置，使同一批菌种菌丝生长一致。其次注意通风换气。

三、菌种质量检查

（一）优质菌种的标准

食用菌的种类虽然繁多，但从总体上看，每一个优良菌种均有“纯、正、壮、润、香”的共性。其标准是：菌种的纯度要高，不能有杂菌感染，也不能有其他类似的菌种，更不能有拮抗线。菌丝色泽要纯正，多数种类的菌丝应纯白、有光泽，原种、栽培种菌丝应连结成块，无老化变色现象。菌丝要粗壮，分枝多而密，接种到培养基吃料块，生长旺盛。培养体要湿润，与试管（瓶）或薄膜壁紧贴而不干缩，含水适宜。具有各品种特有的清香味，不可有霉、腐气味。

（二）菌种质量的检验方法

1. 直接观察

对引进菌种，先观察包装是否合乎要求，棉塞有无松动，试管、玻璃瓶和塑料袋有无破损，棉塞和管、瓶或袋中有无病虫侵染，菌丝色泽是否正常，有无发生变化。然后在瓶塞边作深吸气，闻其是否具备特有的香味。原种和栽培种可取出小块菌丝体观察其颜色和均匀度，并用手指捏料块检验含水量是否符合标准。

2. 显微镜检验

若菌丝透明，呈分枝状、有横隔、锁状联合明显，再加上具有不同品种固有的特征，则可认为是合格菌种。

3. 观察菌丝长速

将供测的菌种接入新配制的试管斜面培养基上，置于最适宜的温、湿度条件下进行培养，如果菌丝生长迅速、整齐浓密、健壮有力，则表明是优良菌种，否则即是劣质菌种。

4. 出菇实验

经过检验后，认为是优良菌种的，可进行扩大转管；同时可取一部分母种用于出菇（耳）试验，出菇实验常用的方法有瓶栽法和压块法两种，置最适宜温湿条件下培养，观察菌丝生长速度、转管快慢、吃料能力、出菇速度、子实体形态、产量和质量等来综合评价菌种质量优劣。

第六节　菌种的分离与保藏

一、菌种的分离

（一）组织分离法

组织分离法是利用子实体内部组织来获得纯菌种的方法，即从食用菌的组织体上切取一块组织，在培养基上萌发而获得纯菌丝体的方法。根据不同的分离材料大体可分为3种。

1. 子实体组织分离

大型子实体的食用菌宜采用此法。

（1）种菇的选择：从优良的品系中选取优良的个体作种菇，以单生菇、菇形圆整、无病虫害菇作分离材料。

（2）操作：把种菇带入接种箱内，选用的子实体先经0.1%升汞水或70%~75%酒精表面消毒，用无菌水冲洗并用无菌纱布擦去表面水分。用解剖刀在菌柄中部纵切一刀，再用手将子实体掰开为二，挑取菌盖与菌柄交界处的一小块组织，有的选取菌柄上方和菌盖交界处，切取0.3~0.4立方厘米的一小块菌肉，接种到PDA培养基上。如已开伞的种菇、则选菌盖与菌柄交界处的菌肉。如种菇已受雨淋，吸水较多，应取菌褶作为接种材料。组织分离后将试管放在恒温箱中培养。待组织块周围萌发出菌丝，并向培养基蔓延生长后，再挑取生长健壮的菌丝进行转管培养。组织分离法操作简便，又不易带入杂菌，容易获得纯菌种。但对银耳、黑木耳等胶质菌，因其子实体中菌丝的含量极少，如用组织分离培养，则往往不易成功。

2. 菌核分离法

某些药用菌如茯苓、猪苓、雷丸等，在不良的外界条件下，菌丝体常集结成块状的菌核。菌核外壳主要是由紧密交织的菌丝体组成，菌核中为部分粉质的贮藏物质，如茯苓聚糖。菌核中的菌丝具有较强的再生能力，可作为组织分离的材料。

菌核应选个体较大、饱满健壮、无病虫的新鲜个体作为分离材料。然后将菌核冲净、揩干，在无菌条件下，用无菌解剖刀把菌核对半切开，在近皮壳处用接种刀挑取玉米粒大的一块组织移接至PDA斜面上，置于20~28℃条件下培养。

3. 菌索分离法

从菌索中分离培养得到纯菌丝体的方法。如蜜环菌、假蜜环菌在人工培养条件下不易形成子实体，也不产生菌核，它们是以特殊结构的菌索来进行繁殖的，因此这类菌可用菌索分离得到纯菌种。

（二）孢子分离法

孢子分离法是利用食用菌成熟的有性孢子即担孢子、子囊孢子，无性孢子即厚垣孢子、节孢子、粉孢子等萌发成菌丝，来获得纯菌种的一种方法。

（三）基内菌丝分离法

利用生长过子实体的寄主组织内残存的菌丝体进行分离获得纯菌种的方法。经过各种方法分离获得的纯菌种，还必须进行继续培养，经鉴定评比后再扩大繁殖。

对于子实体只有在特定的季节下出现，平时不易采到，或子实体小而薄或呈胶质状态，多采用这种方法。

1. 菇木（或耳木）分离法

耳木（菇木）分离法是利用耳木或菇木中的菌丝体得到菌种的方法。一般适用于木腐菌，如黑木耳、银耳、灵芝等。所谓寄主组织即菇木或耳木，所以该方法又称菇木或耳木分离法。

2. 代料基质分离法

分离前，选择一批子实体发生早、产量高、菇体尚幼嫩且生活力强而无病虫害的栽培袋，待子实体将近成熟时，去掉子实体，然后用75%酒精将培养袋进行消毒后，在培养料下1.5厘米处挑取0.3厘米的培养料小方块组织，接入试管培养基的中央，置于恒温下培养。

（四）土中菌丝分离法

它是利用菌类地下的菌丝体来分离得到菌种的一种方法。主要用于腐殖质腐生菌的分离，用前述3种方法能分离得到菌种，一般不采用这一方法。但在野外采集时，菇类子实体已腐烂，而又十分需要该菌种时，就要用此法分离。

二、菌种的保藏

（一）斜面低温定期移植保藏法

这是最简单最普通的保藏方法，即将需要保藏的菌种在适宜的斜面培养基上培养成熟后，放在3~5℃低温干燥处或4℃冰箱、冰柜中保藏，以后每隔2~3个月转管1次。此法适用于除草菇外的所有食用菌菌种。

（二）液体石蜡保藏法

液体石蜡又名矿油，是一种导泻剂，在医药商店有售。食用菌菌丝均可用石蜡保藏，一般可保存3年以上，但最好1~2年移接1次，即使不移接，室温下可保藏6~8个月。用此法保藏的菌种不必置于冰箱内，室内比冰箱内保藏效果更好。

（三）麦粒菌种保藏法

麦粒菌种保藏法是利用麦粒作培养料。此法保藏菌丝，经 1~2 年，再接到培养基上，菌丝生长仍然良好。

第四章　平　菇

平菇是中外著名的食用菌之一，栽培历史很短，20 世纪初先从意大利开始进行木屑栽培的研究，1936 年前后，日本森本老三郎和我国的黄范希着手瓶栽，以后种植日益增加。1972 年河南刘纯业首先用棉皮生料栽培平菇成功，1978 年河北晋县用棉籽壳栽培又获得大面积高产，平菇生产迅速推广普及。由于平菇营养价值高，适应性很强，栽培原料来源广泛，生长周期较短，生物效率高，栽培方式多样，且销路广，因而发展迅速，种植地域广泛。

食用的新鲜平菇含水量在 85.7%~92.85%，游离氨基酸种类有天门冬氨基酸、苏氨酸、丝氨酸等 23 种之多。特别是谷氨酸含量最高。总氮含量在 2.8%~6.05%，总糖含量在 26.8%~44.4%，水溶性糖含量在 14.5%~21.2%。其他磷、钾、镁、钼、锌、铜、钴和维生素 C 等含有一定数量，据天淑贞、沈国华资料，平菇（鲜样品测定）含蛋白质 30.4%、脂肪 2.2%、碳水化合物含量 57.6%，其无氮物 48.9%、纤维 8.7%、灰分 9.8%。

平菇性温微寒，具有追风散寒、舒筋活络，健胃降血压，抗肿瘤的作用，经常食用具有良好的保健作用。平菇不含淀粉，脂肪少，是糖尿病人和肥胖者的理想食品。

第一节　平菇生物学特性

一、平菇的分类学地位

商业上所称的平菇与生物学上的平菇是两个概念，一般商业上所指的平菇是担子菌纲伞菌目侧耳科侧耳属中几个种的统称。它主要包括糙皮侧耳、美味侧耳、佛罗里达侧耳。生物学分类上的平菇是指糙皮侧耳。

平菇又名侧耳，国外有娃菌、人造口蘑之称。在我国根据形态、特征、习性等差别又有不同的名称。如天花蕈、鲍鱼菇、北风菌、冻菌、元蘑、蛤蜊菌、杨树菇等。

平菇在分类学上属担子菌纲、伞菌目、白蘑（侧耳）科、侧耳属。目前栽培的主要种类有糙皮侧耳、美味侧耳、白黄侧耳、凤尾菇等。

在我国分布极为广泛，自秋末至冬初甚至夏季初均有生长，在杨树、柳树、榆树、构树、栎树、橡树、法国梧桐等枯枝、朽树桩或活树的枯部分常有簇状生长。不论是欧洲、美洲、澳大利亚，还是日本、印度，都有分布。

二、平菇的形态特征

（一）菌丝体

菌丝体为白色多细胞的丝状物，具分枝和横隔，呈绒毛状；菌丝有明显的锁状联合。菌丝体为白色绒毛状，在 PDA 培养基上，有的高低起伏向前延伸，形似环轮；有的匍匐生长。单根的菌丝很细，成千上万的菌丝集在一起成为菌丝体。菌丝体是平菇的营养器官，主要吸收利用培养料中的纤维素、氮素、磷、钾、镁等养分。

（二）子实体

子实体由菌盖、菌柄、菌褶和担孢子组成。菌盖或扇状、或贝壳状，子实体常呈复瓦状丛生，菌柄基部互相连结，有的叠生，有的单生（如凤尾菇），一般 4~16 厘米。肉质肥厚，中央常下陷，边缘且上翘，老熟后菌盖边缘炸裂。菌盖在不同时期颜色不同，幼时多为深灰色，以后逐渐变浅。菌柄侧生或偏心生，人称侧耳，就根据这一形状而起名。菌柄粗 1~4 厘米，色白、中实、上粗下细，平菇菌柄基部常有白色绒毛覆盖。菌盖的颜色与光照强度密切相关。光强色重，光弱则色浅。菌盖下生有数百条长短不等的菌褶，菌褶形如伞骨，长短不一，菌褶本身为一薄片，白色质脆易断。长褶由菌盖到菌柄，为延生，短褶仅在菌盖边缘有一小段，形如扇骨。菌褶两侧生有子实层、担子和担孢子，见下图。

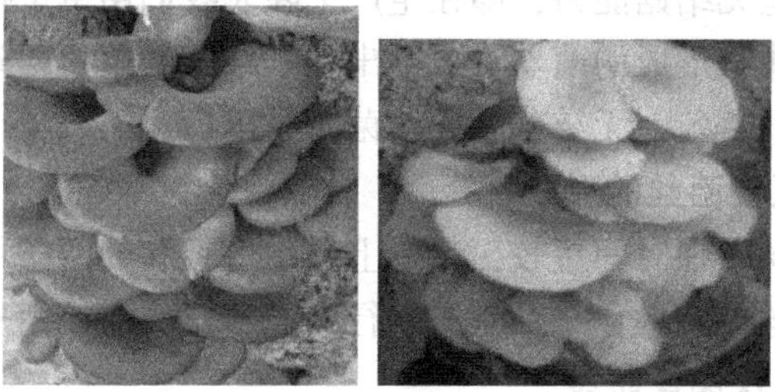

图 平菇

平菇按其菌盖颜色可分为以下几种。

深灰色种：菌盖深灰色至灰色，低温时呈铅黑色，多为低温品种。

浅灰色或灰白色种：菌盖浅灰至灰白色，多为中温或中温低温品种，子实体组织较疏松，柔韧性较差，多数的美味侧耳种内的品种都属于此类。

乳白色种：暗光条件或室内栽培条件下，菌盖乳白色，但在光照较强或低于最适出菇温度的条件下，菌盖呈不同程度的棕色或棕褐色，多为中高温的佛罗里达侧耳种的品种或有该种作亲本的杂交种。

白色种：无论光照强度多大，子实体色泽均呈纯白色，这多数为糙皮侧耳的突变种。

变温变色种：这类品种多出菇温度范围较广的广温型品种，在较低温度下，呈深灰色或深褐色，在其适宜生长发育的温度下呈灰色或浅灰色，在较高温度下呈污白色。

三、平菇的生育阶段

（一）单核菌丝

食用菌的担孢子萌发形成管状有分枝的单核菌丝，此过程时间短，单核菌丝无结菇能力，即在生产上除非我们用单个孢子进行繁殖形成的菌丝体，形成的菌丝体才会出现不结菇的单核菌丝体。如采用大剂量的孢子繁殖，无结菇的单核菌丝是不存在的。

（二）双核菌丝的形成

单核菌丝存在时间短较，遗传上异质可亲和的两条单核菌丝进行质配，即菌丝接触融合，细胞质进行交配，形成双核菌丝。

（三）三次菌丝阶段

双核菌丝达到生理成熟，在适宜条件下便高度分化，菌丝变的更粗壮，更组织化，互相扭结，形成子实体原基后，部分原基形成菌蕾，再经桑葚期、珊瑚期、发育成有菌柄的子实体。

平菇子实体的形成，依次经过3个时期。

桑葚期：在培养基上，菌丝发育到一定阶段，形成一小堆凸起，即菌蕾堆，形似“桑葚”，是子实体形成初期的特征。

珊瑚期：珊瑚期3~5天后，就逐渐发育成珊瑚状的菌蕾群，小菌蕾逐渐伸长，中间膨大成为原始菌蕾。在条件适宜时桑葚期仅在12小时就转入珊瑚期。

形成期：在珊瑚期所形成的原始菌柄逐渐加粗，顶端发生一枚灰黑色的小扁球，这就是原始菌盖，经几天后，就可发育成子实体。子实体成熟后，弹射出孢子。

四、平菇的种性

（一）温型性

20℃左右为最适出菇温度，20℃以上也能出菇的品种为高温型。10℃为左右最适出菇温度，5℃左右也能出菇的品种为低温型。10~20℃为最适出菇温度，低于5℃高于25℃不出菇为中温型。平菇温型

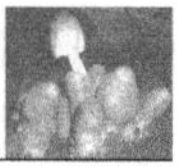

之间没有明显的界线，并且随技术的提高，温型越来越模糊。既是广温型，也有其生产的最适温度，其他温度下生产则不经济。

（二）抗逆性

抗逆性即平菇菌丝抵抗杂菌的能力，抗杂力强的品种在发菌及出菇阶段不易污染，抗杂菌性与菌丝生长速度健壮状况及菌龄有密切的关系。

（三）形态

一般单生和丛生属中高温型，叠生属于低温型。

（四）菇质

低温型平菇不论营养成分还是味道都较好，高温型品质较差，营养成分及味道也较差，颜色较淡，一般有白色、红色、黄色等。中温型平菇品种乳白色较多，易于栽培，低温型平菇颜色较穿深，大多是灰色或深灰色。

第二节 平菇生长发育对环境条件的要求

一、营养

平菇属异养型木质腐生菌类，分解木质素和纤维素的能力很很强，对营养的要求不严格。在自然情况下，能在许多阔叶树和倒木或树桩上生长。目前栽培中除利用适生树种榆、柳、胡桃等段木外，还可利用农副产品下脚料中的棉籽壳、玉米芯、麦草粉、甘蔗渣、豆秸、树叶和玉米秆等。

平菇栽培利用最多的是棉籽壳。据资料介绍，棉籽壳含有多缩戊糖22%~25%、纤维素37%~48%、木质素29%~32%、脂肪6%、蛋白质50%、纤维5%、棉毒酚1.2%、游离脂肪酸1.8%。

氮源主要是蛋白胨、尿素、丙氨酸、亮氨酸等。蛋白胨是侧耳的最好氮源。无机氮源以硝酸钾最好，尿素也是平菇很好的氮源。在培养料中，适当加些米糠、麦麸、玉米面等营养物质，可促进菌丝生长发育，提高产菇量。硫酸铵、硝酸铵、磷酸铵、尿素等无机氮平菇亦可利用。

平菇菌丝生长阶段对培养料的 C/N = 20∶1，出菇阶段为（30~40）∶1。配料时应当注意。

二、温度

平菇为低温菌类。

平菇的菌丝在 4~35℃都可生长生，最适生长温度 22℃左右，24~27℃为适宜温度；低于 4℃生长缓慢，15℃以下菌丝生长缓慢。30℃以上逐渐减慢，生活力下降，高于 35℃几乎停止生长，40℃以上很快死亡。菌丝的耐寒能力很强，在-30℃也能存活。料温 32℃（超过）菌丝生长时候受抑制，料温 40℃时，菌丝 2 小时内几乎全部死亡。

子实体的生长温度因品种不同而有较大的差异，但大多数在 8~20℃范围内生长良好，最适 15~16℃。温度高子实体生长快。7℃以下子实体生长极为缓慢，高于 25℃子实体难以形成。

平菇是变温结实性菇类。温差变化有利于出菇。变温（昼夜温差大）对子实体分化有促进作用。

三、水分

平菇喜湿，且耐湿性较强。菌丝体发育阶段，要求栽培料的含水量在 60%~65%较宜，空气相对湿度不得高于 65%，若低于 30%则菌丝生长受到抑制，甚至死亡。

子实体发育阶段要求空气相对湿度为 80%~90%。在 40%~45%的湿度中小菇干缩，55%时生长慢；湿度超过 95%时菇丛虽大，但菌盖薄，无韧性，且易变色、腐烂和感染杂菌，有时还会使菌盖之上再发生大量小菌蕾，即“再生现象”。而子实体生长发育阶段则要求培养料含水量需达到 65%~70%为宜。

四、空气

平菇为好气性真菌类，菌丝生长阶段，对空气中氧的要求比较低，而在子实体形成阶段，对氧气的需求迅速增加。在栽培时，空气中的二氧化碳含量不宜高于1%，缺氧时不能形成子实体。平茹子实体形成，二氧化碳浓度必须降到0.1%以下。二氧化碳0.06%二氧化碳菌柄延长，超过1%时出菇就会受影响，难以形成菇蕾。

五、光线

平菇的菌丝生长阶段无需光线，菌丝在黑暗中能正常生住，有光反而使菌丝生长速度下降，但强光照射反而不利于菌丝生长。在菇体生长阶段光线强则色深；光线弱则菇体色浅。一般情况下，菇棚内的光线以能看清报纸正文即可。

六、酸碱度

平菇喜欢在偏酸性环境中生长。菌丝生长阶段的最适 pH 值为5~5.5，当 pH 值大于7时，菌丝生长受阻碍，达到8时停止生长。

第三节　平菇菌种制作

一、平菇母种制作

(一) 平菇母种培养基配方

1. PDA 培养基

2. 小麦培养基

小麦250克、葡萄糖20克、麦麸5克、磷酸二氢钾1.5克、硫酸镁0.5克、琼脂18克、水1 000毫升。

3. 小米培养基

小米200克、葡萄糖20克、磷酸二氢钾3克、硫酸镁1.5克、蛋白胨5克、琼脂20克、水1 000毫升。

(二) 培养管理

环境温度 (24±1)℃，通气良好，空气湿度75%以下培养。

（三）平菇母种质量检验

试管完整无损，棉塞或硅胶塞干燥、洁净，培养基灌入量为试管总容积的1/5~1/4，斜面顶端距棉塞40~50毫米，菌丝体洁白、浓密、旺健、棉毛状征，菌丝体表面均匀、舒展、平整、无角变，无菌丝分泌物，菌落边缘整齐，无杂菌菌落，培养基不干缩，颜色均匀、无暗斑、无色素，具有平菇菌种特有的清香味，无酸、臭、霉等异味。菌丝生长粗壮、丰满、均匀。镜检时菌丝具有锁状联合。

二、原种制作

（一）培养基配方（%）

（1）棉籽壳92.5、麸皮6、复合肥1、石灰0.5。

（2）棉籽壳30、木屑55、麸皮14、复合肥1。

（3）棉籽壳90、麸皮8、石灰2。

（4）玉米芯45、棉籽壳45、麸皮8、石灰2。

以上各配方含水量均为60%~65%。

（二）培养管理

环境温度20~22℃，通气良好，空气湿度75%以下培养，遮光培养。

三、栽培种制作

（一）栽培种培养基（%）

（1）木屑44、棉籽壳44、麸皮10、复合肥1、石灰1。

（2）棉籽壳94、麸皮4.5、复合肥1、石灰0.5。

（3）玉米芯80、麸皮10、玉米面8、复合肥1、石灰1。

以上各配方含水量均为60%~65%。

（二）原种、栽培种质量检验

塑料袋或菌种瓶完整无损；棉塞或无棉塑料盖干燥、洁净，松紧度能满足透气和滤菌要求；菌丝洁白浓密、生长旺健，饱满，生长均匀，颜色一致，无角变，无高温抑制线；培养基及菌丝体紧贴瓶

（袋）壁，无干缩；培养物表面无分泌物，允许有少量无色或浅黄色水珠；无杂菌菌落，无颉颃现象；有平菇菌种特有的清香味，无酸、臭、霉等异味；只是栽培种允许有少量子实体原基。

第四节 平菇发酵料袋式栽培

发酵料袋式栽培的生产流程：原料准备及处理—准备菌种—装袋播种—发菌管理—出菇管理—采收—采收后管理。

一、栽培期选择

平菇适宜的栽培时间主要是根据平菇菌丝和子实体发育所需要的环境条件而确定。我国幅员辽阔，不同地域气候也不相同，同一季节不同地区气温差别也较大，又因为国内平菇品种较多，高温、广温、中低温等各种温型的品种都有，决定了平菇可以用农艺设施栽培，出菇时间长，能连续供应市场且供应时间长。

二、栽培原料的准备及处理

（一）平菇栽培的原料配方（%）

（1）棉籽皮95、石膏1、石灰4。

（2）玉米轴粉56、棉籽壳32、麸皮5、石膏2、石灰5。

（3）玉米芯86、饼肥5、麸皮5、磷肥2、石灰2。

以上各配方含水量均为60%~65%。

（二）原料处理

玉米芯应用粉碎机粉碎至黄豆粒大小，也可采用其他方法进行加工。最好做成2/3为粒状的，1/3为粉末状的。各类饼肥粉碎或采用其他方法破碎成粉末。在拌料前充分暴晒，利用日光杀菌驱虫。

三、拌料

场地最好选用水泥场面，将玉米芯、棉籽壳等不溶于水的原料混合充分搅拌，然后将可溶于水的石灰等物质混入水中，泼浇于料中，进行搅拌。此种方式可使用脱粒机进行拌料。

也可使用拌料机进行直接搅拌，将水与各种原料按配方比例准备放入搅拌机中，然后开始搅拌，使水与原料混合均匀。

拌好料的含水量可凭经验进行判断：用手抓一把已拌好的料，以中等握力握紧，指缝间有水溢出而不形成水滴即可。

对于平菇栽培料拌料应掌握好栽培料含水量均匀一致，且原料被水湿透，原料应有一定的粒度，以保证原料的通气性。在高温季节，培养料拌料时含水量应相对低一些，低温季节可相对略高。料的粒度大时含水量可高些，反之则含水量直低些。

四、发酵处理

（一）发酵处理

料拌好后立即堆成宽 1.2～1.5 米、高 1.2～1.5 米的长形堆，堆长不限。在堆的半腰上用 3～5 厘米粗木棍扎眼以利通气，料堆上可盖上编织袋、草苫，既能通风又能保湿促进料堆的发酵。一般在成堆的第二天料温可开始上升。应注意观察料温的变化情况。当料温升至 60℃时维持 24～36 小时准备翻堆。翻堆采用生加熟的方式进行，成堆后扎眼覆盖。待料温第二次上升至 60℃时再维持 24～36 小时进行第二次翻堆，待料温第三次上升至 60℃时再维持 24～36 小时即可扒堆凉料降温，待料温降至 25℃时（外界气温高于 25℃时应凉至与自然温度一致），可装袋播种。

（二）培养发酵过程中经常遇到的异常问题

1. 料温不升

培养水分过高，或堆过于紧密，或在低温季节料堆过于疏松。对此可采用扒料晾晒或翻料松堆的方法解决，或在低温季节将过松的料堆略压实以利保温。

2. 料温过高甚至发酵料出现灰化现象

发酵时间过长或培养料的含水量过低。随时观察发酵情况，酌情处理。

3. 料湿变黏

培养料水分过高，且料堆通气不良，形成厌气性发酵。扒堆凉晒降低水分，然后再发酵处理。

4. 培养料变酸或变臭

多为通气不良所造成。

五、装袋播种

（一）选用合适的塑料袋

根据季节选用，一般气温低的冬季可用（22~25）厘米×（45~50）厘米×0.001 厘米的塑料袋；春秋两季可用（20~22）厘米×45 厘米×0.001 厘米的塑料袋。低温时用的略宽略长，高温时用的塑料袋略短略窄。

（二）菌种准备

1. 应选用合适的菌株

鲜销时应根据当地消费习惯和季节选择相应的菌株。如作商品菇或加工销售，应根据客户的要求选用相应的菌株。

2. 栽培时应挑选优质菌种

挑选菌种要注意菌种的基质，一般来讲以纯棉籽壳的最好，对于使用玉米芯或加废棉制成的菌种，应适当增加播种量。菌龄 25~35 天，以略现蕾的年轻菌种为好。千万不要使用老化菌种。更不要使用四级种。

3. 菌种处理

播种时先将栽培种用消毒液对其外表进行消毒处理。然后用手掰成小块存放于盛放菌种的容器中，以备播种使用。

（三）装袋播种

1. 播种前应检查培养的水分状况

以手握在指间有水溢出而不滴下为适宜。培养料水分过大，可将培养料扒开晾晒至料湿度合适为止，培养料水分不足，应向料补充用

1%石灰清水，补水后要堆闷3~4小时才能装料播种。同时检查培养料有无害虫。

2. 装袋播种

多采用三层料四种或三层种两层料的方式播种。以三层料四种方式播种方式进行介绍，先用一小把料装在塑料袋的一头，以能盖严菌种为好，此时装入一层菌种，再装料压实至菌棒的1/3，装一层菌种，继续装料压实至菌棒长度的2/3时，再装入一层菌种，菌种上又装培养料至快满时，装上一层菌种，在菌种表层盖上一薄层料封口。用手指粗的钢棍或其他近似物体将装好料的菌棒纵向扎1~3个通孔。运送至发菌场地排垛发菌。

3. 装袋播种后质量的检查

装好菌袋用手托起，以手略显陷入，两端略有下沉，塑料袋不显皱纹为好。如塑料袋出现纵向白色裂纹即为装袋过程中用力过大致。如两端下沉塑料袋出现皱纹，手陷入料内即为装过松。

六、发菌管理

（一）排垛

温度高时排低些，单层、双层或“井”字形排放，温度低时可多层排放。2排或3排应留一50厘米宽的人行道，便于发菌过程中的检查。

（二）培菌管理

平菇生料栽培要求培养空间的湿度在75%以下。一般情况下料温维持在20~25℃较为合适。培养过程中料温不宜超过29℃，最高不超过30℃。一旦发现料温超过29℃，应及时散疏散降温。菌袋培养过程中，应保持良好的通风条件。培养过程中要求注意遮阴，防止强光照射栽培袋。

一般经过25~35天的培养，菌丝可长满整个塑料袋的料，即发满菌。

（三）培菌中的异常及处理

1. 菌丝不萌发，不吃料

（1）发生原因：菌种老化，生活力很弱；环境温度过高或过低。

（2）解决办法：使用适龄菌种（菌龄 30～35 天）；发菌期间棚温保持在 20℃左右，料温 25℃左右为宜，温度宁可稍低些，切勿过高，严防烧菌。

2. 培养料酸臭

（1）发生原因：发菌期间遇高温未及时散热降温，培养变酸变臭；料中水分过多，培养料腐烂发臭。

（2）解决办法：将料倒出，摊开晾晒后添加适量新料再继续进行发酵，重新装袋接种；如料已腐烂变黑，只能废弃作肥料。

3. 菌丝萎缩

（1）发生原因：料袋堆垛太高，料温升高达 35℃以上，烧坏菌丝；料袋大，装料多，发酵热高；发菌场地温度过高加之通风不良；料过湿加之装得太实，透气不好，菌丝缺氧也会出现菌丝萎缩现象。

（2）解决办法：改善发菌场地环境，注意通风降温；堆垛发菌，气温高时，堆放 2～4 层，呈“井”字形交叉排放，便于散热；及时倒垛散热；拌料时掌握好料水比，装袋时做到松紧适宜；装袋选用的薄膜筒宽度不宜超过 25 厘米，避免装料过多。

4. 袋壁布满豆渣样菌苔

（1）发生原因：培养料含水量大，透气性差，引发酵母菌大量孳生，在袋膜上大量聚积，料内出现发酵酸味。

（2）解决办法：用直径 1 厘米削尖的圆木棍在料袋两头往中间扎孔 2～3 个，深 5～8 厘米，以通气补氧。

5. 发菌后期吃料缓慢，迟迟长不满袋

（1）发生原因：袋两头扎口过紧，袋内空气不足，造成缺氧。

（2）解决办法：解绳松动料袋扎口或刺孔通气。

6. 菌丝未满袋就出菇

（1）发生原因：发菌场地光线过强，低温或昼夜温差过大刺激出菇。

（2）解决办法：注意避光和夜间保温，提高发菌温度，改善发菌环境。

七、催蕾

当菌袋发满菌后过 5~10 天，菌袋上出现黄色积液，菌棒变硬有弹性时，即为菌丝已达到生理成熟，即将进入出菇阶段。

当菌丝生理成熟后，有的可自然进入出菇阶段，有的需要人为地创造条件进行催蕾。可通过温差刺激促进原基的形成。即人为拉大温差至 8~10℃，白天 20℃保持左右，夜间降至 10℃左右，并将空间湿度提高到 95%，保持空气新鲜，原基很快形成并分化成菇蕾。

八、出菇管理

（一）菇棚管理

出菇期棚内要保持在 5~25℃。空气湿度保持在 85%~90%。以正常视力能看清报纸上的五号铅字即可。保持棚内空气新鲜，气温低时可在中午前后通风换气，温度高时早晚或晚上通风换气。以人进入棚内感觉不到胸闷为宜。

（二）出菇期异常及处理

1. 高腿状平菇

（1）症状：平菇原基发生后，子实体分化不正常，菌柄分枝开叉，不形成菌盖，偶有分化的菌盖极小，且菌盖上往往再长出菌柄，菌柄有继续分枝开叉，其外观群体松散，形同高腿状或喇叭菇。

（2）发生原因：平菇原基向珊瑚期转化时，菇棚没有及时通气供氧，环境通风不良，二氧化碳浓度偏高，光照强度偏弱，子实体不能进入正常分化，各组成部分分化生长比例失调。只长菌柄，不长菌盖，形成长柄菇、喇叭菇或高腿菇。

2. 水肿状平菇

（1）症状：感病菇体形态不正常或盖小柄粗，且菇体含水量高，

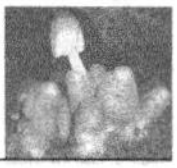

组织软泡肿胀，色泽泛黄，病菇触之即倒，握之滴水，病感重的菇体往往停止生长，甚至死亡。

（2）发生原因：长菇阶段用水过频过重，致使菇体上附有大量游离水，吸水后又不能蒸发，导致生理代谢功能减弱，造成水肿状平菇，一旦发现病菇，就要及时摘除，同时加强通风，调节好菇棚内湿度，防止病害加重而引起细菌性病毒感染。

3. 盐霜状平菇

（1）症状：子实体产生后不分化，菌盖表面像一层盐霜。

（2）主要原因：是由于气温过低造成的，黑色品种一般气温在5℃以下就会出现此类现象，防治措施是注意棚内的保湿工作，或选用出菇耐低温的平菇品种。

4. 波浪形平菇

（1）子实体：长大后，菌盖边缘参差不齐，太多成破浪形，此种现象主要出现在白色品种上。

（2）主要原因：采收过迟，子实体老化；气温处于5℃以下，子实体受冻害后的正常反应，主要防治方法是适时采收和加强保温工作。

九、采收加工

（一）采收

鲜售时应在平菇子实体八分熟，菌盖边缘略内卷，孢子尚未弹射之前采收。作商品菇销售时应根据客户的要求规格采收加工。

（二）盐渍加工

将分级修整后的平菇放入沸腾的水中，待水开后煮沸5~10分钟，一般每百千克水可投放鲜菇10~20千克。煮熟后即可出锅，捞至冷水中冷却至自然温度，一层盐一层菇放入存放容器中。

一般每百千克平菇需要40千克盐。放好后加入饱和盐水保鲜。要求盐水浓度为23°Be，为保证盐水浓度可在最上层放上一个盐袋，这样既可以使盐水浓度达到饱和又可避免盐水及菇体中有盐粒。盐渍至饱和后即可长期存放，也可随时准备出售。

十、采后管理

平菇采收后，如菌棒水分还在60%以上，则应停止喷水，加强通风换气，降低空气湿度，使菌丝体休养5~7天后，即可进入催蕾出菇管理。

采收后菌棒水分偏低的菌棒，应当及时补充水分。补水的方式有两种，一种是将菌棒直接在水中浸泡；另一种是向菌棒内注水。但不论采用什么样的补水方式，补水后都应提高棚内温度，加大通风换气量，促使菌棒水分一致和菌丝对水分的吸收。当菌棒水分均匀一致，含水量到达70%时即可催蕾出菇。

第五节 平菇熟料袋式栽培

熟料栽培是指培养料配制后先经高温灭菌处理，然后再播种和发菌的栽培方法。

一、熟料栽培的好处

高温灭菌后的培养料排除了杂菌和害虫的干扰，平菇菌丝生长速度快，繁殖量大，对培养料的吸收利用率高，可以获得稳产高产。熟料配方中，可以添加多种营养物质，这不仅能有效地增加养分供应，提高平菇的增产潜力，而且还能充分利用各种营养贫瘠的培养料，如木屑、稻草、污染料等，为平菇培养料的广泛选择和合理搭配使用提供了可靠的技术保证。熟料栽培用种量少，一般为培养干料的5%左右。

二、菌袋的制作

（一）菌袋规格的选择

熟料菌袋制作工序较为复杂，搬动次数多，袋膜被损坏的可能性

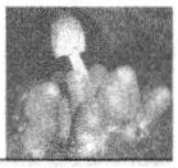

极大，此外，培养料经高温熟化后极易染菌，袋膜要有一定的厚度，通常低压聚乙烯袋膜厚度以选择 2 丝左右为宜，袋的宽度和长度选择取决于季节，一般夏季、早秋应选用宽 20～22 厘米、长 40 厘米、厚 2 丝为宜，以防止料袋大、积温高、难出菇。中秋及晚秋应选用 22～25 厘米×48 厘米×2 丝为适宜，料袋大，营养足，出菇期长。

（二）熟料栽培配方（%）

（1）棉籽壳 97、石灰 3。

（2）棉籽壳 97、复合肥 1、石灰 3。

（3）玉米芯 82、麸皮 9、玉米面 5、复合肥 1、石灰 3。

（4）玉米芯 39、木屑 39、麸皮 14、玉米面 5、复合肥 1、石灰 2。

以上各配方含水量均为 60%～65%。

（三）拌料

按照选定的培养基配方比例，称取原料和清水，因为玉米芯或棉籽壳较难吸水，开始拌料时，水分适当大一些，混合搅拌。所有的培养料必须湿透，不允许有干料。

（四）装袋

不论采用人工还是机器装袋，都要求装料松紧一致、均匀。装好后，可直接进行常压锅灭菌。为防止培养料变酸和变质，装好的料袋应及时进行高温灭菌，常压蒸汽灭菌时，温度上升速度宜快，最好在 4～5 小时内使灶内温度达到 100℃，并保持此温度 13～15 小时，然后停止加热，再利用余热闷闭 8 小时以上再出锅，当出锅后的料袋温度降到 28～30℃时，应及时接入菌种。

（五）平菇熟料袋栽开放式接种

接种前先准备干净的接种室，亦可在大棚内用塑料薄膜隔一小间，待菌袋冷却到 25℃时，连同待接菌种及各种接种工具一起放进接种室。如果在接种室内设有一个缓冲间，在缓冲间内事先对操作者所穿衣服一起进行熏蒸消毒，人进入接种室操作前换衣服后再去接种。

接种室消毒处理：用气雾消毒剂熏蒸一次，用量为每立方米2克，消毒1小时等烟雾散去后，操作者即进去敞开接种。或离子风接种机前接种（开机半小时后操作），三人在离子风前配合操作，成功率可达97%。或打开臭氧发生器工作半小时，对缓冲间及接种室进行全方位杀菌，关机1小时后再在缓冲间换衣服后进入接种室，按常规接种，并在离子风接种机前接种，三人配合操作，成功率可达100%。

平菇熟料袋栽接种方式有三种：第一种是将菌种接入袋口，系上套环。先把菌种掰开蚕豆粒大小，然后，把菌袋口解开，用手抓半把菌种，放入袋口，再将袋口薄膜收拢，套上出菇套环，并将袋口薄膜多出部分翻卷入套环内，用车胎皮圈固定套环，再用一层报纸封口，扎上皮圈。按此方法，再将另一端接上菌种，并封好袋口。接种时注意：尽量将菌种填满套环口，因套环内透气好，种块3~4天即可萌发封面，杂菌污染机会极少。第二种是将菌种接入袋口，然后用线绳直接扎口，但不扎紧袋口，留一些空隙透气。最大弊病是菌丝发菌过程中易遭虫害。第三种是用线绳扎紧口法，然后在袋两头菌种块部位用细针各刺4~6个眼。注意：选用家用针或缝纫机针刺孔，刺孔位置不要偏离菌种部位，以免引起杂菌污染。凡接种的袋口都要刺孔，不能漏掉，万一漏掉在几天后观察中要及时补刺。刺孔的菌丝长速快、旺盛，没有刺孔，袋头种块只萌发而不吃料生长或生长很慢。

三、熟料菌袋的菌丝培养

菌袋的排放形式一定要与环境变化密切结合，当气温在20~26℃时，菌袋可采用“井”字形堆码，堆高5~8层菌袋；当气温上升到28℃以上时，堆高要降到2~4层，同时要加强培养环境的通风换气。盛夏季节，当气温超过30℃时，菌袋必须贴地单层平铺散放，发菌场地要加强遮阴，加大通风散热的力度，必要时可泼洒凉水促使降温，将料袋内部温度严格控制在33℃以下。

正常情况下，采用堆积集中式发菌的菌袋，每 7~10 天要倒袋翻堆一次，若袋堆内温度上升过快，则应及时提早倒袋翻堆，翻堆时，应调换上下内外菌袋的位置，促进菌丝均衡生长。

其他管理与发酵袋式栽培管理基本相同。

第五章　双孢菇

双孢菇属草腐菌，中低温性菇类，我国稻草、麦草丰富，气候比较适合双孢菇的生长，具有很大发展潜力。目前我国栽培的双孢菇主要是白色变种，主要适用于卖鲜品，或加工成罐头。

双孢菇人工栽培始于法国路易十四时代，距今约有300年。我国人工栽培在1935年开始试种，多在南方的一些省份，包括安徽等地区。

双孢菇营养丰富，据资料介绍，100克鲜品中含蛋白质2.9克、脂肪0.2克、碳水化合物2.4克、粗纤维0.6克、灰分0.6克。双孢菇的菌肉肥嫩，并含有较多的甘露糖、海藻糖及各种氨基酸类物质，所以味道鲜美。

双孢菇所含的蘑菇多糖和异蛋白具有一定的抗癌活性，可抑制肿瘤的发生；所含的酪氨酸酶能溶解一定的胆固醇，对降低血压有一定作用；所含的胰蛋白酶、麦芽糖酶等均有助于食物的消化。中医认为双孢菇味甘性平，有健脾益胃降血压之功效。经常食用双孢菇，可以防止坏血病，预防肿癌，促进伤口愈合和解除铅、砷、汞等的中毒，兼有补脾、润肺、理气、化痰之功效，能防止恶性贫血，改善神经功能，降低血脂。

双孢菇不仅是一种味道鲜美、营养齐全的菇类蔬菜，而且是具有保健作用的健康食品。

第一节　双孢菇生物学特性

一、分类学地位

双孢菇又称圆蘑菇、洋蘑菇、口蘑、双孢蘑菇、白蘑菇。属于真菌门担子菌亚门，担子菌纲伞菌目、伞菌科，蘑菇属。

二、形态特征

子实体中等至稍大。菌盖直径3~15厘米，初半球形，后近平展，有时中部下凹，白色或乳白色，光滑或后期具丛毛状鳞片，开燥时边缘开裂。菌肉白色，厚。菌褶粉红色呈褐色，黑色，较密，离生，不等长。菌柄粗短，圆柱形，稍弯曲，（1~9）厘米×（0.5~2）厘米，近光滑或略有纤毛，白色，内实。菌环单层，白色，膜质，生于菌柄中部，易脱落，见下图。

图　双孢菇

菌丝银白色，生长速度中偏快，不易结菌被，子实体多单生，圆正、白色、无鳞片，菌盖厚、不易开伞，菌柄中粗较直短，菌肉白色，组织结实，菌柄上有半膜状菌环，孢子印褐色。菌丝爬土能力中等偏强，扭结能力强，成菇率高，菇体不易脱柄，子实体生长期间需较弱的散射光及和缓的通风。

三、双孢菇生活条件

（一）营养

双孢菇属于草腐性真菌，本身不能进行光合作用，其生长发育完全依赖培养料中获得营养物质。主要从腐熟的草料和畜禽粪中吸收营养，以碳源和氮源作为基本营养，同时需要一些矿质元素和微量元素。

（二）温度

双孢菇是喜欢冷凉气候的菌类，菌丝体和子实体两个阶段要求的温度条件各不相同。

菌丝体生长的温度范围较广，为4~32℃的温度范围，最适为22~25℃。当温度低于5℃时，菌丝生长极为缓慢；温度高于30℃，菌丝体生长稀疏无力，菌丝变黄，易老化，33℃以上菌丝体停止生长。

子实体的分化和生长范围是5~23℃，最适为13~16℃。超过18℃，子实体生长虽然加快，但菌柄细长，肉质疏松，且易产生薄皮开伞菇，质量差。高于19℃菇柄长，易开伞，低于12℃子实体生长速度慢，出菇减少，产量降低。当室温持续几天在22℃以上时，会引起大面积菌蕾枯萎死亡。当室温低于5℃时，子实体停止生长。

（三）水分

蘑菇菌丝体和子实体都含有90%左右的水分。

蘑菇菌丝生长阶段，培养料的适宜含水量为60%~65%；低于50%时，菌丝体生长不良，表现出菌丝生长缓慢，绒毛状菌丝多而细，难以形成子实体。若培养料的含水量高于70%，会使料内透气性差。菌丝生活力降低，菌丝难以长透培养料。料表面菌丝表现出稀疏无力，甚至萎缩。

子实体形成和长大要求较高的湿度。一般以培养料表层的含水量为60%~65%，覆土层的含水量为18%~20%，空气相对湿度90%左右为最适宜。空气相对湿度在出菇前保持80%左右，过高易感染杂菌。出菇期间应经常保持湿度在80%~90%。

（四）空气

双孢菇是一种好氧菌，二氧化碳过多对其有害。适于菌丝生长的二氧化碳浓度在0.1%~0.5%，一般在菌丝生长时期，菇房内的二氧化碳浓度应控制在0.5%以下。空气中二氧化碳浓度降至0.03%~0.1%时，可诱发子实体产生。

（五）光照

菌丝生长和子实体发育过程均不需要光线，在完全黑暗条件下所长出的子实体，色泽洁白，柄短粗壮，形态圆整，品质好。阳光直射会造成子实体菌盖薄、柄细长、易开伞、菇体表面发黄干燥、起鳞片，品质下降。

（六）酸碱度

双孢蘑菇生长的pH值范围较广，在pH值3.5~8.5均能良好地生长。而菌丝生长pH值以6.5~7为最适宜。

（七）土壤

蘑栽培需要覆土，才能正常出菇。

第二节　双孢菇菌种制作

一、母种

（一）培养基配方

1. PDA培养基

2. 葡萄糖琼脂培养基

玉米粉20~30克、葡萄糖20克、磷酸二氢钾1克、蛋白胨0.5克、琼脂22克、水1 000毫升。

3. 玉米粉综合培养基

玉米粉20~30克、葡萄糖20克、磷酸二氢钾1克、硫酸镁0.5克、蛋白胨1克、琼脂22克、水1 000毫升。

4. 小麦琼脂培养基

小麦125克、琼脂20克、水1 000毫升。

将小麦粒在4 000毫升水中煮2小时，24小时后过滤水不足到1 000毫升。为欧洲常用配方。

5. 通用培养基

葡萄糖20克、磷酸二氢钾1克、硫酸镁0.5克、蛋白胨10克、酵母浸膏2克、琼脂25~30克、水1 000毫升。

适用于蘑菇母种培养和保藏。

（二）培养

遮光通风，(24±1)℃恒温培养，空气湿度70%。

（三）菌种检验

棉塞或硅胶塞干燥、洁净，松紧适度，能满足透气和滤菌要求；培养基灌入量为试管总体积的1/10~1/5；培养基斜面长度为试管总长度的1/5~1/2；菌丝体洁白或米白、浓密、羽毛状或叶脉状；菌丝体表面均匀、平整、无角变；无菌丝分泌物，菌落边缘整齐，无膏状、蜡状细菌或酵母菌菌落及霉菌菌落，培养基斜面背面外观培养基不干缩，颜色均匀、无暗斑、无色素；有双孢蘑菇菌种特有的香味，无酸、臭、霉等异味；培养物镜检，菌丝粗壮，无杂菌菌丝及孢子，无虫及虫卵。

在适温（24±1)℃下，15~20天长满试管。

二、原种

（一）原种培养基（%）

（1）腐熟麦秆或稻秆（干）77、腐熟牛粪粉（干）20、石膏粉1、碳酸钙2、含水量（62±1）、pH值7.5。

（2）腐熟棉籽壳（干）97、石膏粉1、碳酸钙2、含水量(55±1)、pH值7.5。

（二）培养管理

原种瓶应发满菌丝，在适温（24±1)℃下菌丝长满瓶不超过

45天。

三、栽培种

（一）栽培料的配制（%）

（1）腐熟麦秆或稻秆（干）77，腐熟牛粪粉（干）20，石膏粉1，碳酸钙2，含水量（62±1），pH值7.5。

（2）腐熟棉籽壳（干）97，石膏粉1，碳酸钙2，含水量（55±1），pH值7.5。

（3）谷粒98，石膏粉2，含水量（50±1），pH值7.5~8.0。

（二）栽培种培养管理

栽培种瓶（袋）应发满菌丝，在适温（24±1）℃下菌丝长满菌种瓶（袋）不超过45天。

（三）原种、栽培种质量检验

棉塞或无棉塑料盖干燥、洁净、松紧适度，能满足透气和滤菌要求，培养基面距瓶（袋）口（50±5）毫米，菌丝体洁白浓密、生长旺健，不同部位菌丝体生长均匀，无角变，无高温抑制线；培养基及菌丝体，紧贴瓶（袋）壁，无干缩；无培养物表面分泌物，无各种杂菌孢子、菌丝，无拮抗现象；培养物有蘑菇菌种特有的香味，无酸、臭、霉等异味；培养物镜检菌丝粗壮、无杂菌菌丝和孢子、无虫及虫卵。

第三节 双孢菇栽培技术

一、场地选择、菇棚建造

菇棚建设因地制宜，具体确定。菇棚的建造：要选用优质建材，建材的粗细、长短搭配合理，建棚时应在专业技术人员的指导下进行。也可选用塑料大棚、旧房屋改造式、日光温室、标准菇棚式、企业化生产模式，根据规模的不同，可选配技术员。

二、栽培料堆制

（一）栽培配方

以100平方米双孢菇栽培为基准备料（千克）（仅供参考）。

（1）牛粪1 500、稻草2 500、磷肥100、石膏粉75、尿素5、石灰75、饼肥100。

（2）麦秸1 500、干牛粪1 000、尿素30、过磷酸钙32.5、石膏粉30、碳酸钙20、石灰15。

（二）建堆

1. 播种期的选择

根据双孢菇生长发育的特性，其播种季节应在播种1个月后气温下降到20℃以下的时间为好，据此倒推培养料的预湿发酵播种等时间。

2. 建堆

根据预定的播种期，安排建堆。堆料前的1~2天先把棉籽皮、麦秆、稻草、牛粪（羊粪）喷湿，一层麦秆，再一层棉籽皮，再一层牛粪（羊粪），按比例撒入磷肥和尿素等原料。堆料过程中要不间断喷水，直到原料全部湿透为止。堆料完成后，再连续2~3天进行早晚各一次的渗水。

建堆时注意，一是原料必须符合质量要求，不能有霉烂变质、掺假现象。二是具备夯实平整（硬化）的堆料场地，要有充足的水、电源，排水一定要畅通。三是料堆的宽度为1.5米，高度为1.6米左右，长度不限，应为南北走向，料堆的底部与顶部宽窄应一致，堆与堆之间间隔为60厘米，以便于采光、通风和发酵。堆料时第一层麦秆厚度为15~20厘米，棉籽皮7厘米，羊粪3厘米，逐层用脚踩踏，最顶部用羊粪覆盖。四要服从统一安排，严格按技术要求操作，于预定的时间完成堆料等活动。

（三）翻堆

1. 第一次翻堆

一般在堆积6天左右进行第一次翻料，把棉籽皮、麦秆、稻草牛（羊）粪一层一层翻过去，再喷湿，湿度70%，每层应在麦秆上撒过磷酸钙，过磷酸钙主要起加快发酵速度，增加肥量，一般过磷酸钙用量按床面积每平方米0.5千克。如果有棉籽饼或菜籽饼的条件，可再放每平方米0.5千克，棉籽饼或菜籽饼要提前泡好或者碾碎，散在每层牛（羊）粪上。

2. 第二次翻堆

再间隔5~7天，进行第二次翻料，这次翻料跟第一次翻料操作一样，喷水量看料的湿度而定，生石灰每层都撒，用量每床面积平方0.5千克，生石灰主要起中和料的酸度，如果麦秆比例大，生石灰粉的用量每床面积平方用0.5千克，pH值7.5~8.0。

3. 第三次翻堆

再间隔4~6天，进行第三次翻料，操作方法跟前两次一样，只是生石灰粉改用轻质碳酸钙，每堆料中间差不多间隔1米左右，留排气孔，起增氧气，来加快发酵速度，碳酸钙的用量每床面积平方0.5千克，这次翻料水分要注意调节好，料的湿度要平衡，料的湿度要控制在用手拧料时，看起来水分要流出来，但不能有水滴出，这次翻料，下雨天一定不能翻，翻堆料太湿不行。

正常情况下，三次翻料原料就能发酵好，如果原料不熟，就必须再翻料，直到料熟为止。前面三次翻料时，必须把料比较熟的放在堆的外边，其他放在中间，来调节料的平衡熟度。培养料堆起后要加盖草帘或塑料膜，防止料堆直接日晒、雨淋。塑料膜盖堆时，在堆的上面，一定要留空间，让它透气，如果不留空间直接盖住，料就发酵差，上面那几层料的水分过湿。

4. 翻料技术要点

翻堆时要求，堆料要上下互调，里外互调；料块要抖松、混匀；喷水要均匀，添加料要掺混均匀；翻料时不要上去踩；每次翻料，堆的宽度逐步减小，高度不变，长度不限。

5. 发酵标准

堆制全过程需25天左右。应达到如下标准：培养料的水分控制在65%~70%（手紧握稻草有水滴浸出而不下落），外观呈深咖啡色，无粪臭和氨气味，草粪混合均匀，松散，细碎，无结块。草料湿润有光泽，呈暗褐色。酸碱度的pH值7.5左右。在料的干燥部位可以看到白色放线菌。

三、栽培料进菇房

先在菇床上铺一层3厘米厚的新鲜麦秸，再将发酵好的培养料均匀地铺到菇床上，料层厚15~20厘米为宜。进料时要做到上、中、下层混合均匀，并抖松。料均匀放进培养床里，床要整平实，呈弧形。料的厚度18厘米以上。

栽培料进菇房前必须检查棚架的牢固性能，有足够的承重能力。要对菇房内全面消毒，以甲醛和高锰酸钾2∶1熏蒸后，再用波尔多液或石硫合剂进行喷涂。进料完毕，地板全部清理干净，喷撒杀虫药，封闭所有通风窗和门。

四、二次发酵

通过二次发酵，达到杀灭病害，微生物进一步对培养料进行转化，利于双孢菇菌丝的生长，达到增产的目的。

（一）油桶土灶制备蒸气

1. 油桶制法

进水口用6分管，要能看清楚水位的塑料管，出气口用3.33~6.66厘米的铁管焊接，油桶要干净。

2. 土灶建法

内径宽度80厘米，长度是几个油桶的直径加上20厘米。底下建四层砖头，要留3~4个排碴口（进气口）。第五层放炉条炉条长度1米，每条间隔5~7厘米。在炉条上面再建6~8层砖头，要留进煤口，

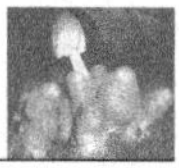

进煤口和排碴口应与油桶的出气口反方向。把油桶并排放上去，两桶之间的缝隙中间留排气口（烟囱）其他都全部封死。

3. 油桶要防止无水干烧

油桶无水干烧，突然加水易产生爆炸，进气前应把油桶里面的废气排掉。

有条件可采用可移动的锅炉供气。

（二）杀菌

1. 准备好蒸汽设备

进料前，必须准备好蒸气设备，要求每500平方米要出气量0.5吨/小时以上，有锅炉最好，没有就用油桶制成蒸气锅，再建土灶，用煤烧。

2. 顶层料处理

杀菌前，最上面那一层的料，要用化肥袋或编织袋盖好，以防止房子上面滴水造成料过湿，否则播种时，菌种不吃料。

3. 二次发酵

把菇棚密封起来，用蒸气杀菌，第一天尽快把温度升到60~63℃，维持12小时左右，再从进水口加入甲醛，每100~150平方米用1瓶甲醛，随蒸气进入菇房杀菌2小时，然后慢慢排气，使之温度控制在52~55℃，保持2天。

五、播种

如果不进行二次发酵，进料后按每立方米空间用高锰酸钾10克加甲醛20毫升熏蒸消毒，24小时后打开门窗难通风换气，检查培养料的含水量并调整适宜。当料温降到28°C以下时即可播种，每平方米用500毫升瓶装的菌种一瓶。将菌种均匀地撒在料面上，轻轻压实打平，使菌种沉入料内2厘米左右为宜。

二次发酵处理后，把菇房的每个通风窗都打开，让里面的气温和料温都降到28℃以下，喷水调整料的湿度至60%~65%，喷完水再播种。

播种要求均匀，吃料才会平衡，最上层播完种也要盖袋子，播种后把通风窗全部封起来。

六、发菌管理

播种后3天内适当关闭门窗，保持空气湿度80%左右，以促使菌种萌发。育菌期间，前8天房间温度一般保持在24℃左右，但不要超过28℃以上。菌丝28~32℃停止生长，麦粒种会全部变性产生霉菌，超32℃以上，菌丝全部死亡。房里空气湿度控制在75%左右，非必要时，料面绝对不能喷水。正常情况下，播种后2~3天菌丝就发菌，长出白色绒毛菌丝，播种后大约7天，再检查菌丝是否长入堆肥，菌丝吃料，表示菌种定植生长，如没有定植，则寻找原因，进行补救。过8天后，床面菌丝差不多长满床面，就开始通风，在通风易干处可用渗湿的尼龙袋覆盖，湿度控制在70%左右，让菌丝慢慢下长，通风量大小要看天气而定，育菌期间一般30天左右。一般播种后15天内不能在菇床上面喷水。

注意：棚内温度不能超过30℃，否则应在夜间适当通风降温。播种后15天左右，当菌丝基本长满料层时进行覆土。

七、备土

播种后20天左右，就可以备土，谷壳要提前备好，谷壳要求新鲜、无霉变，场地要打扫干净。

土质要求不要用表面土或者有污染的土，不能用沙质土或太黏的土，以壤土为好。应选吸水性好，具有团粒结构、孔隙多、湿不黏、干不散的土壤为佳。

每100平方米用土量3立方米，石灰粉50千克，谷壳100~125千克，看土质好坏在调节谷壳用量。

细土砻糠的制作：挖取细土，打碎后颗粒不要超过2厘米，将土和谷壳、石灰粉混合均匀堆起来，再灌适量水，使土全部湿透，待土的水分收干，进行翻土。翻土的目的是调节水分和混合均匀，调节酸碱度 pH 值 7.5~8，翻好砻糠土后，1~2 天进行盖土。做好的砻糠土要求，呈颗粒形，土和谷壳要混合均匀，颗粒不能超过 2 厘米。

八、覆土

覆土时菌床菌丝大部分已发展到床底部，堆肥表层 1~2 厘米的菌丝在发菌后期通风吹干，然后整平料面，呈弧形。

覆土时将细土均匀覆盖于床面上，用手刮平，但不能拍或压实，覆土厚度 2.5~3 厘米。覆好土后，检查覆土是否均匀，薄的要补土，厚的地方要刮掉。然后进行调水，调好第一次水，再检查土是否全部盖均匀，没有盖匀再全部补一遍。

覆土后调节水分，使土层含水量保持在 20%左右。覆土后的空间湿度应保持在 80%~90%，温度 13~20℃（最佳温度 15~18℃）。应视土层干湿状况适时喷水，严格控制温、湿度是双孢菇优质高产的关键。

九、培育菌丝

菌丝培育过程中，水分调节掌握轻喷、多喷，逐步调节。调水量要看土层干湿度、料的干湿度、菇棚保湿性、通风量等因素，灵活掌握，一般喷水量 1 平方米 4.5~5.5 千克，分 3~4 天喷完。

最后一遍水要预防虫害，杀菌药喷完后通风 5 小时左右，然后紧闭门窗。“吊菌丝”房间温度控制在 23℃左右，床温 28℃以下，相对湿度 85%~90%。通常调水后前三天，在中午适当进行通风换气，每次通风 1 小时左右。土比较干燥时要进行补水 0.5 千克/平方米，直到菌丝爬上土面。培育菌丝的时间一般情况下，从覆土到通风差不多 15 天左右。

十、出菇、采菇

（一）第一批菇管理

1. 第一批菇的结菇方法

菌丝在细土垄糠中已长足，先把菌丝冒出的地方补一点细土，覆没菌丝即可，接着喷结菇水，喷水量每平方米0.5~1千克，分2~3次喷完，要看土层干湿度而定。停水后加大通风量，3天左右，菌丝在土缝隙扭结形成子实体，当子实体大部分长到黄豆般大小时，就可以喷出菇水。喷水时通气窗一定全部打开，通风几小时，让附着在菇盖表面的游离水散发掉，才能减少通风量或不通风。

2. 出菇水喷水时机

“出菇水”宜选择子实体普遍形成，并且大部分子实体已长成黄豆大小的菌蕾时进行。

3. 喷水后的标准

喷水后粗土要捏得扁，不开裂，细土搓成团，不黏手。3潮菇后，随着气温降低菌丝生长势减弱，出菇量少，就逐渐降低用水量，喷水只能达到土层1~2厘米即可，有利菇床边养菌边产菇。

4. 双孢菇菌丝徒长

双孢菇菌丝生长过旺，冒出土层，密集成片，形成一种细密的、不透水的菌丝体。这是由于湿度过高，通风不良，播种期偏早，及播种后温度较长时间处于20~25℃造成的。

(二) 适时采收

当蘑菇长到直径2~4厘米时应及时采收，若采收过晚会使品质变劣，并且抑制下批小菇的生长。采摘时，用手指捏住菇盖，轻轻转动采下，用小刀切去带泥根部，注意切口要平整。采收后在空穴处及时补上土填平，并喷施一次1%的葡萄糖。

(三) 第二批以后喷水要领

气温合适应适当多喷水，菇多而大要多喷，底料湿少喷，底料干多喷。覆土材料持水性差，要勤喷多喷，菌丝强多喷，床下层和靠近窗口处，通风好，水分散发快，应多喷，喷水时冲力不能大，大会直接杀死菇体，造成死菇。喷水要均匀，喷水时和喷水后，要通风，不可马上关窗。

(四) 床面管理

清理残茬，死菇、伤残菇、菇柄、菇头、病菇、虫菇要去掉，发黄、干瘪老根要去掉。减少霉菌和虫害的发生。凹穴要补平，防止漏床，造成料坏，产菇能力失去，而产生虫害。

（五）保温管理

保温方法有干保温管理和湿保温管理。

保温管理应掌握温度维持在15~18℃。通风在一般中午前后，通风量大小，视房里湿度、温度而定。根据床面干湿、菇量多少确定喷水。保温时通风量减少，容易使菌丝老化，最好不要用。如前2~3批遇到房里温度低于10℃以下方进行保温，一般尽量不保温，以免春菇产量大大降低。有保温管理，采完最后一批菇，一般在12月就要进入越冬管理。

十一、越冬管理

（一）时间

秋菇采收2~4批后，气温逐渐下降，菌床的出菇量减少，土层的湿度、料的湿度和喷水量减少，以便保持菇床有良好的透气性，保护好菌丝的活力。当气温低于10℃，菇床要少喷水，必要时才喷水，让菇顺其自然出。中午时通风1~2小时，当气温降到5℃以下，菇床就不再长菇，就可以进入越冬管理。。

（二）越冬管理要点

（1）菌丝生长旺盛的菇床，用削尖木棍或竹器从床底向上戳洞，间距20厘米，戳到土层松动为宜，但不能戳穿，打扦时床面要盖袋子（防止料掉在下层床面），以便改善菌床的透气性能，再将土层老菌丝、死菇挑除干净，然后整平床面，再补好细土，最后对床面进行杀虫、杀菌，过5天左右再往床面均匀撒上石灰粉，每平方米100~150克。

（2）床菌丝细弱，局部土层与料层之间产生黑床，把土和黑料剔掉后，再把料上下对调翻床，将菇床重新整好，盖新土，再喷水，这种情况应在越冬管理前10天进行，以便菌丝能复壮，如果表面板结，要用钉耙松动表面细土。

（3）秋菇结束后，进行通风，通风到盖土层基本上没有水分，以防止菇房里面温度低于0℃以下结冰，破坏菌丝，造成春菇减产。一般要在本地温度低于0℃以前，必须把土层基本通风干。

（4）中午温度高要通风1~2小时，既可换气又能增温，温度低要全部密封，不能通风。

（5）菇房里面，地面要清理干净，再撒石灰粉，间隔15天左右，中午温度高时打杀虫药，杀死病虫害。

十二、春菇管理

当气温逐渐回升，菇房里的温度在5℃以上，就进行春菇管理。调水前两天先把土层调湿，每平方米按2千克喷水。第三、四天再用1%的石灰水直接用管浇灌，差不多间隔15厘米划一道，每平方米25千克左右，连喷两次，要求水渗到床底漏水为止。然后在每天中午温度高时，通风，晚上关窗进行保温、保湿。发菌15天左右，床面菌丝复壮后再喷一次出菇水，水量看土和料干湿度而定，这一次要喷氨基酸类或蘑菇生长素。温度刚回升时喷水要准稳，湿度控制在80%~85%。适宜出菇时要准，湿度控制在90%。

第四节　盐渍蘑菇

凡供盐渍加工的蘑菇，应适时采收分级，并清理杂质，选择新鲜，无病虫、霉变，色泽洁白，圆整的菇体，切除菇柄下的泥根。把选好处理后的菇放入0.1%焦亚硫酸钠溶液中数分钟，捞出放入清水中漂洗，洗净后捞出。将漂洗好的鲜菇，浸入5%~10%的精盐水中，煮沸5~7分钟，边煮边搅，煮熟为止（表面特征：菇体沉底、具弹性和韧性，切开无白心），捞出放入冷水中冷却透，捞出控干水分，即可盐渍。

把煮好的菇体，按每50千克加盐12.5~15千克的比例，逐层盐渍。方法是：先在罐底放一层盐，加一层菇，再放盐，如此反复，达

到满缸为止，向缸内倒入饱和食盐水，在菇体上盖物、加压，使菇体完全浸在盐水内，同时加入已配好的调整液，使饱和食盐水的 pH 值达 3.5 左右，上盖纱布和盖子，以防尘土杂物落入。

调整液配方：偏磷酸 55%，柠檬酸 40%，明矾 5%，混合后加入饱和食盐水中，在调整过程中如 pH 值达不到 3.5 时，可多加柠檬酸。

在腌制过程中，最好在缸内插入一根橡皮管，每天打气 2~3 次，使盐水上下循环，10 天翻缸一次，20 天即可腌好，如缸内不打气，则冬季 7 天翻缸一次，共翻 3 次，夏季两天翻缸一次共翻 6 次。

盐渍好后，可取出装桶存放，装桶要装满，并加饱和食盐水，同时测定 pH 值是否为 3.5，否则要调整，不能入库保藏。

第六章　香　菇

香菇的人工栽培在我国已有800多年的历史，长期以来栽培香菇都用“砍花法”，是一种自然接种的段木栽培法。一直到了20世纪60年代中期才开始培育纯菌种，改用人工接种的段木栽培法。20世纪70年代中期出现了代料压块栽培法，后又发展为塑料袋栽培法，产量显著增加。我国目前已是世界上香菇生产的第一大国。

香菇是著名的食药兼用菌，其香味浓郁，营养丰富，含有18种氨基酸，7种为人体所必需。所含麦角甾醇，可转变为维生素D，有增强人体抗疾病和预防感冒的功效；香菇多糖有抗肿瘤作用；腺嘌呤和胆碱可预防肝硬化和血管硬化；酪氨酸氧化酶有降低血压的功效；双链核糖核酸可诱导干扰素产生，有抗病毒作用。民间将香菇用于解毒，益胃气和治风破血。香菇是我国传统的出口特产品之一，其一级品为花菇。

第一节　香菇生物学特性

一、分类学地位

香菇又称香蕈、花蕈、香信、椎茸、冬菰、厚菇、花菇。属于真菌界担子菌门伞菌亚门伞菌纲伞菌亚纲伞菌目光茸菌科香菇属。

分布于山东、河南、浙江、福建、中国台湾、广东、广西壮族自治区、安徽、湖南、湖北、江西、四川、贵州、云南、陕西、甘肃。

二、形态特征

子实体中等大至稍大。香菇子实体单生、丛生或群生，菌盖直径5~12厘米，扁半球形，边缘内卷，成熟后渐平展，深褐色至深肉桂色，有深色鳞片。菌肉厚，白色。菌褶白色，密，弯生，不等长。菌柄中生至偏生，白色，内实，常弯曲，长3~8厘米，粗0.5~1.5厘米；中部着生菌环，窄，易破碎消失；环以下有纤维状白色鳞片，见下图。

图 香菇

香菇菌丝白色，绒毛状，具横隔和分枝，多锁状联合，成熟后扭结成网状，老化后形成褐色菌膜。

三、生活条件

（一）营养

香菇是木生菌，以纤维素、半纤维素、木质素、果胶质、淀粉等作为生长发育的碳源，但要经过相应的酶分解为单糖后才能吸收利用。香菇以多种有机氮和无机氮作为氮源，小分子的氨基酸、尿素、铵等可以直接吸收，大分子的蛋白质、蛋白胨就需降解后吸收。香菇菌丝生长还需要多种矿质元素，以磷、钾、镁最为重要。香菇也需要生长素，包括多种维生素、核酸和激素，这些多数能自我满足，只有维生素 B_1 需补充。

（二）温度

香菇菌丝生长的最适温度为23～25℃，低于10℃或高于30℃则有碍其生长。超过32℃菌丝生长弱，35℃时菌丝会停止生长，38℃时菌丝能烧死。子实体形成的适宜温度为10～20℃，香菇属于变温结实性的菌类，子实体形成要求有大于10℃的昼夜温差。目前生产中使用的香菇品种有高温型、中温型、低温型3种温度类型，其出菇适温高温型为15～25℃，中温型为7～20℃，低温型为5～15℃。

（三）水分

1. 代料栽培

菌丝发育阶段培养料含水量为55%～60%，空气相对湿度为60%～70%；出菇阶段培养料含水量为40%～68%，空气相对湿度85%～90%。

2. 段木栽培

菌丝发育阶段培养料含水量为45%～50%，空气相对湿度为60%～70%；出菇阶段培养料含水量为50%～60%，空气相对湿度80%～90%。

（四）空气

香菇是好气性菌类。通气不良、二氧化碳积累过多、氧气不足，菌丝生长和子实体发育都会受到明显的抑制，子实体易产生畸形，利于杂菌的滋生。

（五）光照

香菇菌丝的生长不需要光线，在完全黑暗的条件下菌丝生长良好，强光能抑制菌丝生长。子实体生长阶段要散射光，但直射光又对香菇子实体有害。

（六）酸碱度

香菇菌丝生长发育要求微酸性的环境，培养料的pH值在3～7都能生长，以5最适宜，超过7.5生长极慢或停止生长。子实体的发生、发育的最适pH值为3.5～4.5。

第二节　香菇菌种制作

一、母种制作

(一) 常用培养基配方

1. PDA 培养基

2. 培养基（ESA）

酵母粉 5 克、蔗糖 20 克、琼脂 15 克、水 1 000 毫升。

3. 玉米粉胨葡萄糖培养基

玉米粉 30~40 克、蛋白胨 20 克、葡萄糖 20 克、琼脂 20 克、水 1 000 毫升。

(二) 培养管理

接种后置于（25±1)℃恒温培养，要求培养环境干净，空气新鲜，空气湿度 70%，无光或弱光。因试管长度不同，因试管长短不同，一般需经 8~14 天培养，才能长满试管。

(三) 菌种质量检测

菌丝生长一致，洁白，生长尖端粗壮整齐，菌苔表面平整，无杂色、斑点，无或有少量的褐色水珠。

二、原种和栽培种

原种和栽培种采用的培养基基本相同，原种多采用菌种瓶制作，栽培种则采用菌种瓶或塑料袋。

(一) 常用培养基配方（%）

(1) 木屑 78、麸皮（或米糠）20、蔗糖 1、石膏 1、含水量 60。

(2) 木屑 63、棉籽壳 20、麸皮（或米糠）15、蔗糖 1、石膏 1、含水量 60。

(3) 木屑 60、蔗渣 18、麸皮（或米糠）20、蔗糖 1、石膏 1、含水量 60。

（二）灭菌

高压灭菌采用1.5千克/平方厘米压力，维持2~2.5小时。常压灭菌维持8~10小时。

（三）培养管理

培养基灭菌后冷却无菌接种，然后进入培养室培养。培养室温度控制在（24±1)℃，空气湿度70%，无光进行培养。40~50天菌丝长满培养料。

（四）质量检查

从外观上来看，菌丝浓白呈棉绒状，尖端整齐，木屑培养料变为淡黄色，菌丝粗壮，菌丝双核有锁状联合，菌丝长满后10天左右表面分泌褐色水珠，有少量菌丝扭结或有原基出现，或菌丝将培养料包成块状。

第三节　香菇袋栽技术

袋栽香菇是香菇代料栽培最有代表性的栽培方法，各地具体操作虽有不同，但道理是一样的。

一、播种期的安排

我国幅员辽阔，受气候条件的影响，季节性很强。各地香菇播种期应根据当地的气候条件而定。然后推算香菇栽培活动时间，应选用合适的品种，合理安排生产。或根据预定的出菇期推算播种期。

二、栽培料的配制

（一）栽培料的配制（%）

（1）木屑78、麸皮（或细米糠）20、石膏1、糖1、另加尿素0.3、料的含水量55~60。

（2）木屑36、棉籽皮26、玉米芯20、麸皮15、石膏1、过磷酸钙0.5、尿素0.5、糖1、料的含水量60。

(3) 豆秸 46、木屑 32、麸皮 20、石膏 1、食糖 1、料的含水量 60。

按量称取各种成分，先将棉籽皮、豆秸等吸水多的料按料水比为 1：(1.4~1.5) 的量加水、拌匀，使料吃透水；把石膏、过磷酸钙与麸皮、木屑干混均匀，再与已加水拌匀的棉籽皮、豆秸或玉米芯混拌均匀；把糖、尿素溶于水后拌入料内，同时调好料的水分，将水与料搅拌料均匀。不能有干的料粒。

(二) 配料时应注意的几个问题

木屑指的是阔叶树的木屑，也就是硬杂木木屑。陈旧的木屑比新鲜的木屑更好。配料前应将木屑过筛，筛去粗木屑，粗细要适度。在木屑栽培料中，应加入 10%~30% 的棉籽皮，有增产作用。但棉籽皮、玉米芯在栽培料中占的比例过大，脱袋出菇时易断菌棒。栽培料中的麸皮、尿素不宜加得太多，否则易造成菌丝徒长，难于转色出菇。麸皮、米糠要新鲜，不能结块，不能生虫发霉。豆秸要粉成粗糠状，玉米芯粉成豆粒大小的颗粒状。

配料时，随水加入干料重量的 0.1% 克霉灵有利于防止杂菌污染。

三、菌袋制作

(一) 塑料筒的规格

香菇袋栽实际上多数采用的是一头开口的塑料筒，有壁厚 0.04~0.05 厘米的聚丙烯塑料筒和厚度为 0.05~0.06 厘米的低压聚乙烯塑料筒。生产上采用的塑料筒规格也是多种多样的，南方用幅宽 15 厘米、筒长 55~57 厘米一头封口的塑料筒，北方多用幅宽 17 厘米、筒长 35 厘米或 57 厘米的一端封口塑料筒。

生产前应塑料筒是否漏气，检查方法是将塑料袋吹满气，放在水里，看有没有气泡冒出。漏气的塑料袋绝对不能用。

(二) 装袋

现在多采用装袋机装袋。操作方法根据装袋机的要求，具体合理安排。

在高温季节装袋，要集中人力快装，一般要求从开始装袋到装锅灭菌的时间不能超过6小时，否则料会变酸变臭。

(三) 装锅灭菌

料袋装锅时要有一定的空隙或者“井”字形排垒在灭菌锅里。采用高压蒸汽灭菌时，料袋必须使用聚丙烯塑料袋，高压灭菌压力1.5千克/平方厘米，维持压力2小时。采用常压蒸汽灭菌锅，开始加热升温时，火要旺要猛，从生火到锅内温度达到100℃的时间最好不超过4小时，否则会把料蒸酸蒸臭。当温度到100℃后，要用中火维持8~10小时，中间不能降温，最后用旺火猛攻一会儿，再停火焖一夜后出锅。

(四) 冷却

出锅前先把冷却室或接种室进行空间消毒。出锅用的塑料筐也要喷洒2%的来苏水、75%的酒精或克霉灵溶液消毒。把刚出锅的热料袋运到消过毒的冷却室里或接种室内冷却，待料袋温度降到30℃以下时才能接种。

(五) 香菇料袋的接种

香菇料袋多采用侧面打穴接种，要几个人同时进行，所以在接种室和塑料接种帐中操作比较方便。先将接种室进行空间消毒，再把刚出锅的料袋运到接种室内排起，每垒排一层料袋，就往料袋上用手持喷雾器喷洒一次0.2%克霉灵；全部料袋排好后，再把接种用的菌种、胶纸，打孔用的直径1.5~2厘米的圆锥形木棒、75%的酒精棉球、棉纱、接种工具等准备齐全。关好门窗，进行消毒处理完成后，接种人员迅速进入接种室外间，关好外间的门，穿戴好工作服，向空间喷75%的酒精消毒后再进入里间。接种按无菌操作（同菌种部分）进行。侧面打穴接种3人一组，一人打穴，并用75%的酒精棉纱擦抹料袋消毒。第二人接种，菌种要把接种穴填满，并略高于穴口。第三人则用方形胶粘纸把接种后的穴封贴严，并把料袋翻转180度，将接过种的侧面朝下。接完种的菌袋即可进培养室培养。

用接种箱接种，因箱体空间小，密封好，消毒彻底，所以接种成功率往往要高于接种室。但单人接种箱只能一个人操作，只适用于在短的料袋两头开口接种。如果是侧面打穴接种，最好采用双人接种箱，由两个人共同操作，一个人负责打穴和贴胶粘纸封穴口，另一个人将菌种按无菌程序转接于穴中。

采用自动接种机接种节省人工且效率高。

四、菌袋的培养

指从接完种到香菇菌丝长满料袋并达到生理成熟这段时间内的管理。菌袋培养期通常称为发菌期。

（一）发菌场地

可以在室内（温室）、阴棚里发菌，但要求发菌场地要干净、无污染源，要远离猪场、鸡场、垃圾场等杂菌滋生地，要干燥、通风、遮光等。进袋发菌前要消毒杀菌、灭虫，地面撒石灰。

（二）发菌管理

调整室温与料温向利于菌丝生长温度的方向发展。气温高时要散热防止高温烧菌，低时注意保温。翻袋时，用直径 1 毫米的钢针在每个接种点菌丝体生长部位中间，离菌丝生长的前沿 2 厘米左右处扎微孔 3~4 个；或者将封接种穴的胶粘纸揭开半边，向内折拱一个小的孔隙进行通气，同时挑出杂菌污染的袋。发菌场地的温度应控制在 25℃以下。夏季要设法把菌袋温度控制在 32℃以下。菌袋培养到 30 天左右再翻一次袋。在翻袋的同时，用钢丝针在菌丝体的部位，离菌丝生长的前沿 2 厘米处扎第二次微孔，每个接种点菌丝生长部位扎一圈 4~5 个微孔。

由于菌袋的大小和接种点的多少不同，一般要培养 45~60 天菌丝才能长满袋。这时还要继续培养，待菌袋内壁四周菌丝体出现膨胀，形成皱褶和隆起的瘤状物，且逐渐增加，占整个袋面的 2/3，手捏菌袋瘤状物有弹性松软感，接种穴周围稍微有些棕褐色时，表明香菇菌丝生理成熟，可进菇场转色出菇。

五、转色

香菇菌丝生长发育进入生理成熟期，表面白色菌丝在一定条件下，逐渐变成棕褐色的一层菌膜，叫作菌丝转色。转色的深浅、菌膜的薄厚，直接影响到香菇原基的发生和发育，对香菇的产量和质量关系很大，是香菇出菇管理最重要的环节。转色的方法很多，常采用的是脱袋转色法。

（一）脱袋转色法

1. 要准确把握脱袋时间

应在菌丝达到生理成熟时脱袋。脱袋太早了不易转色，太晚了菌丝老化，常出现黄水，易造成杂菌污染，或者菌膜增厚，香菇原基分化困难。脱袋时的气温要在15~25℃，最好是20℃。

2. 场地准备

脱袋前，先将出菇场地地面做成30~40厘米深、100厘米宽的畦，畦底铺一层炉灰渣或沙子。

3. 操作方法

脱袋排场后，罩塑料薄膜，形成较湿的环境，利于菌丝恢复生长，温度控制在20℃左右，如超过25℃，应加强通风或加遮阴物降温。脱袋5、6天后，菌棒表面长满浓白的气生菌丝时，增加揭膜通风的次数，每天2~3次，每次30分钟，限制菌丝生长，促其转色。第7~8天开始转色时，应增加通风次数和时间，向菌棒表面轻喷水1~2次，喷水后要晾1小时再盖膜。连续喷水几天，至10~12天转色完毕。

（二）带袋转色

将全部完成发菌后白色菌袋依“井”字形码放，并覆盖薄膜、草苫等，使其升温的同时，通过调节草苫和薄膜的覆盖以及夜间的揭盖，一则促使菌袋表面的白色菌丝倒伏，二来增加菌袋的温差，促使其尽快转色。转色过程中及时扎孔排除菌袋的黄水。床架栽培多采用此法转色，出菇时需割膜。

六、出菇管理

香菇菌棒转色后，菌丝体完全成熟，并积累了丰富的营养，在一定条件的刺激下，迅速由营养生长进入生殖生长，发生子实体原基分化和生长发育，也就是进入了出菇期。

（一）催蕾

香菇属于变温结实性的菌类，一定的温差、散射光和新鲜的空气有利于子实体原基的分化。这个时期一般都揭去畦上罩膜，出菇温室的温度最好控制在 10~22℃，昼夜之间能有 5~10℃的温差。空气相对湿度维持 90%左右。条件适宜时，很快菌棒表面褐色的菌膜就会出现白色的裂纹，不久就会长出菇蕾。

（二）子实体生长发育期的管理

菇蕾分化出以后，进入生长发育期。不同温度类型的香菇菌株子实体生长发育的温度是不同的，多数菌株在 8~25℃的温度范围内子实体都能生长发育，最适温度在 15~20℃，恒温条件下子实体生长发育很好。要求空气相对湿度 85%~90%。随着子实体不断长大，要加强通风，保持空气清新，还要有一定的散射光。

七、采收

当子实体长到菌膜已破，菌盖还没有完全伸展，边缘内卷，菌褶全部伸长，并由白色转为褐色时，子实体已八成熟，即可采收。采收时应一手扶住菌棒，一手捏住菌柄基部转动着拔下。

八、采后管理

整个一潮菇全部采收完后，要大通风一次，使菌棒表面干燥，然后停止喷水 5~7 天。让菌丝充分复壮生长，待采菇留下的凹点菌丝发白，根据菌棒培养料水分损失确定是否补水。

当第二潮菇采收后，再对菌棒补水。以后每采收一潮菇，就补一次水。补水可采用浸水补水或注射补水。重复前面的催蕾出菇的管理方法，准备出第二潮菇。第二潮菇采收后，还是停水、补水，重复前面的管理，一般出 4 潮菇。

九、加工与保鲜

香菇采收时，要轻轻放在塑料筐中，且不可挤压变形，然后清除菇体上的杂质，挑出残菇，剪去柄基，并根据菌盖大小、厚度、含水量多少分类，排放在竹帘或苇席上，置于通风处。应及时加工，长时间堆放在一起会降低质量。

(一) 香菇的干制

1. 晒干

要晒干的香菇采收前 2~3 天内停止向菇体上直接喷水，以免造成鲜菇含水量过大。菇体七八成熟，菌膜刚破裂，菌盖边缘向内卷呈铜锣状时应及时采收。最好在晴天采收，采收后用不锈钢剪刀剪去柄基，并根据菌盖大小、厚度、含水量多少分类，菌褶朝上摊放在苇席或竹帘上，置于阳光下晒干。

2. 烘干

刚采收下的香菇马上进行清整，剪去柄基，根据菇盖的大小、厚度分类，菌褶朝下摊放在竹筛上，进行烘干。

3. 晒烘结合干制

刚采收的鲜香菇经过修整后，摊在竹筛上，于阳光下晒，使菇体初步脱水后再进行烘烤。这样能降低烘烤成本，也能保证干菇的质量。

(二) 盐渍加工

将香菇按要求加工煮熟进行盐渍保藏。

第七章　草　菇

草菇起源于广东韶关的南华寺中，300 年前我国已开始人工栽培，约在 20 世纪 30 年代由华侨传入世界各国，是一种重要的热带亚热带菇类。我国草菇产量居世界之首，主要分布于华南地区。

草菇营养丰富，有资料介绍，每 100 克鲜菇含维生素 C 207.7 毫克、糖分 2.6 克，粗蛋白 2.68 克，脂肪 2.24 克，灰分 0.91 克。草菇蛋白质含 18 种氨基酸，其中必需氨基酸占 40.47%~44.47%。

药用价值：草菇甘，性寒。具有清热解暑、补益气血、降压的作用，可用于防治暑热烦渴、体质虚弱、头晕乏力、高血压。

食疗价值：性味甘，凉。能补脾益气，清暑热。含蛋白质、脂肪、维生素 C、对氨基苯甲酸、D-甘露醇、D-山梨醇和天门冬氨酸、丝氨酸、谷氨酸、丙氨酸、苏氨酸、赖氨酸、酪氨酸、精氨酸、缬氨酸等多种氨基酸。尚含一种有抗癌作用的异蛋白物质。用于脾胃气弱，抵抗力低下，或伤口愈合缓慢；夏季暑热，心烦。现代又用于高血压病和多种肿瘤。

第一节　草菇生物学特性

一、分类学地位

草菇又称美味草菇、美味苞脚菇、兰花菇、秆菇、麻菇、中国菇、稻草菇、家生菇、南华菇、草菌。属于伞菌目光柄菇科小苞脚菇属。

我国四川、云南、广西壮族自治区、广东、福建、湖南等地区有分布。野生和人工栽培。夏、秋季采收。

二、形态特征

（一）菌丝体

菌丝无色透明，细胞长度不一，被隔膜分隔为多细胞菌丝，不断分枝蔓延，互相交织形成疏松网状菌丝体。细胞壁厚薄不一，含有多个核，无孢脐，贮藏许多养分，呈休眠状态，可抵抗干旱、低温等不良环境，待到适宜条件下，在细胞壁较薄的地方突起，形成芽管，由此产生的菌丝可发育成正常子实体。

（二）子实体

由菌盖、菌柄、菌褶、外膜、菌托等构成。幼时呈钟形或蛋形，菌盖、菌托均由菌膜包裹。成熟时菇体破膜而出。部分苗膜残留在菌柄基部，形成菌托。草菇菌盖呈钟形，成熟时平展，鼠灰色，表面光滑，有黑褐色条纹。菌盖中央厚，颜色深，边缘薄，颜色淡。菌错离生，白色，后呈粉红色。菌柄白色，内实，圆筒形，长5~18厘米，直径0.8~1.5厘米，见下图。

图　草菇

三、生长发育

（一）菌丝生长发育过程

担孢子成熟散落，在适宜环境下吸水萌发，突破孢脐长出芽管，多数伸长几微米或几十微米，少数1.9微米后便产生分枝，担孢子内含物进入芽管，最后剩下1个空孢子。细胞核在管内进行分裂。孢子萌发后36小时左右芽管产生隔膜形成初生菌丝，但很快便发育为次生菌丝，并不断分枝蔓延，交织成网状体。播种后，形成次生菌丝体，后形成子实体原基，最后形成子实体。

（二）子实体发育的时期

子实体发育可分为针头期、纽期、卵形期、伸长期、成熟期。

1. 针头期

部分次生菌丝体进一步分化为短片状，纽结成团，形成针头般的白色或灰白色子实体原基，尚未具有菌柄、菌盖等外部形态。

2. 纽期

专门化菌丝组织继续分化发育形成子实体各个部分，由针头期至纽期为时3~4天。

3. 卵形期

各部分组织迅速生长，外膜开始变薄，子实体顶部由钝而渐尖，呈卵形，从纽期进入卵形期时间1~2天，是商品采收适期。

4. 伸长期（破膜）

菌柄、菌盖等继续伸长和增大，把外膜顶破，开始外露于空间，菌膜遗留在菌柄基部成为菌托。

5. 成熟期

菌盖、菌柄充分增大，完全裸露于空间，菌盖渐渐展开呈伞状，后平展为碟状，菌褶由白色转为粉红，最后呈深褐色，担孢子成熟散落。

四、对外界环境要求

（一）养分

研究表明，葡萄糖、果糖、蔗糖、蛋白胨、天门冬酰胺、谷氨酰氨等都是草菇的良好碳、氮源，稻草、废棉、蔗渣等是栽培草菇的主要材料。分析表明，废棉中天门冬酰胺、谷氨酰氨较为丰富，两者含量占其氨基酸总量的1/3，可见，废棉是栽培草菇的理想材料。但废棉的含氮量不一，在0.25%～1.45%，而草菇培养料含氮量以0.6%～1%为宜。补充大豆粉可提高产量。

（二）温度

草菇属高温性菌类，生长发育温度10～44℃，对温度的要求因品种、生长发育时期而不同。

菌丝生长：在10～44℃温度下均可生长，但低于20℃时生长缓慢，15℃时生长极微，至10℃时几乎停止生长，5℃以下或45℃以上导致菌丝死亡。

子实体发育：子实体发育温度24～33℃，以28～32℃最适宜，低于20℃或高于35℃时，子实体难于形成。

（三）水分

草菇适宜在较高湿度条件下生长，培养料含水量在70%左右，空气相对湿度90%～95%为适宜。空气湿度低于80%时，子实体生长缓慢，表面粗糙无光泽，高于96%时，菇体容易坏死和发病。

（四）空气

草菇是好气性真菌，当培养料内和表面附近空气中的二氧化碳浓度达到或超过0.5%时，会抑制菌丝生长和子实体形成。如氧气不足，二氧化碳积累太多，会使子实体受到抑制甚至死亡。杂菌也容易发生。

（五）光照

草菇菌丝的生长均不需要光照，在无光条件下可正常生长，转入生殖生长阶段需要光的诱导，才能产生子实体。但忌强光，适宜光照50～100勒克斯。子实体的色泽与光照强弱有关，强光下草菇颜色深黑，带光泽，弱光下色较暗淡，甚至白色。

（六）酸碱度（pH值）

草菇对pH值要求在4～10.3，担孢子萌发率以pH值7.5时最高，菌丝和子实体阶段，以pH值4.7～6.5和8适宜。

第二节 草菇菌种制作

一、母种制作

（一）母种培养基

1. PDA 培养基

2. 草菇琼脂培养基

马铃薯200克、蔗糖20克、酵母膏（或酵母粉）6克、硫酸铵3克、琼脂20克、水1 000毫升。

3. 草菇琼脂培养基

蔗糖20克、蛋白胨2克、磷酸二氢钾0.6克、硫酸镁0.5克、维生素$B_1$0.5毫克、琼脂、水。

（二）母种培养管理

将接种后的试管置于30~32℃培养箱或培养室恒温培养5~7天，当菌丝长满试管，并产生少量红褐色厚垣孢子时结束培养。

（三）母种质量检验

草菇母种菌丝纤细，分枝角度大，出菇率高，产量高。灰白色，透明状，爬壁力强，生长速度快。菌丝分枝角度小至平行排列的产量低，出菇率低。菌丝纤细，灰白色，老时灰黄色，半透明状，爬壁能力强，气生菌丝多，在管内生长逢乱不整齐，每根菌丝清晰可见，满管后从培养基边缘出现红褐色的厚垣孢子。

二、原种与栽培种制作

（一）原种与栽培种培养基（%）

（1）棉籽壳89、麸皮6、生石灰5。

（2）棉籽壳80，麸皮15，碳酸碱度钙2，石灰2、石膏1。

以上各配方含水量60%~65%。

（二）原种与栽培种培养管理

菌种培养温度保持在28~30℃，湿度75%以下。

（三）原种质量检验

原种和栽培种正常的菌种灰白至灰黄色，半透明至透明状，逢松，菌丝密集，分布均匀。菌丝白色或黄色、透明，有厚垣孢子，无杂菌。

如果菌丝转黄白色至透明，厚垣孢子较多，就是中龄菌种，最适合栽培，应抓紧用掉，不能久留。

第三节　草菇栽培技术

一、场地建设

我国室内草菇栽培始于20世纪70年代初期，多数利用夏天闲置的塑料大棚，香菇、蘑菇房或旧仓库进行生产，此外，目前南方主要采用泡沫板为材料建立菇房。这些菇房多数设在地势较高，开阔向阳，背北朝南，冬暖夏凉的地段。

场地选择与处理菜棚、菇棚、室内、室外、树林下、阳畦、大田、果园等场所均可生产。大棚要加覆盖物，并在使用前撒石灰粉消毒，老菇棚要进行熏蒸，杀虫灭菌。

二、栽培季节

草菇菌丝体生长的适温范围为15~35℃，最适宜温度为30~35℃，子实体生长的温度为26~34℃，最适宜的温度为28~30℃。一般而言，当地月平均温度22℃以上，日夜温差变化不大，在空气相对湿度较大的气候条件下均可栽培。

三、培养料的配制

草菇栽培，棉籽壳、废棉、麦秸、稻草、玉米芯、玉米秸、花生壳及栽培完平菇等均可使用。但要选用干燥、无霉变的新鲜草料。

（一）常见培养料配方

（1）废棉 69%～79%，稻草 10%，麦皮 5%～15%，石灰 6%～8%，pH 值 8～9，含水量 68%～70%。

（2）蔗渣 100 千克，麸皮 15～20 千克，石灰 3 千克，含水量 60%。

（3）稻草 100 千克，稻草粉 30 千克，干牛粪 15 千克，石膏粉 1 千克，含水量 60%～65%。

（二）培养料的配制

夏季栽培废棉用量为 7～8 千克/平方米，麸皮用量 5%；春秋两季为 12～15 千克/平方米，麦皮用量 10%；反季节栽培麦皮用量可达 15%。

培养料堆制时，先把原材料淋水湿透，加入 1/3的石灰，拌匀，使多余水分沥出，含水量控制在 65%～70%（手握料有成串水滴滴下），盖上薄膜，堆沤发酵 2 天，然后进行翻堆，再把麦皮等辅助料和 1/3石灰撒入培养料中，拌匀，再起堆，覆膜发酵 2 天，如此进行翻堆 2～3 次后，把余下的 1/3石灰撒入，拌匀即可。

四、栽培场地消毒

场地可用 3%～5%漂白粉加入稀释的石灰乳或是 3%多菌灵喷洒墙壁、地面、床架，干燥后关闭菇房，进料前一天用 40%甲醛熏蒸消毒（每立方米用 15 克），消毒后进行通风换气，甲醛气味消失后即可进料。

五、培养料进房

培养料厚度一般为 10～15 厘米，用量为 7.5 千克（干料）/平方米。培养料进房后再次发酵，即培养料进房后让其升温至 60℃，维持 2～4 小时，然后降温 50～52℃，保持 4～7 天。

二次发酵结束后进行翻格一次，把培养料中有毒的气体排出。

六、播种

待料温降至35℃左右时即可播种。播种方法有点播、条播和撒播。但在实际操作中以点播加撒播效果较好，点播穴距离10厘米左右，深3~5厘米，将约1/5的菌种撒在料的表面上，用木板轻轻拍平。也可采用撒播，即进行分层播种，每铺料厚5厘米左右撒播种一层，最后用菌种封顶。一般100平方米栽培面积需菌种300~400瓶(750毫升)。

七、菇房管理

(一) 盖膜及覆土

接种后在床面盖上塑料薄膜2~3天，2~3天后掀去薄膜，在床面均匀地盖上一层土，厚约1厘米，或一层事先预湿的长稻草，并喷洒1%石灰水，保持土面湿润。

(二) 发菌管理

播种后，2~3天内少量通风，并注意控制料内温度。播种后料内温度逐渐上升，一般3~4天可以达到最高温度，料内最高温度应尽量控制在40℃以下，气温尽量控制在30℃以下，否则温度过高。空气相对湿度通常在播种后头3天要求达95%以上。

(三) 出菇管理

一般播种后5~6天，草菇菌丝开始扭结，当土层上出现大量小白点时，以保湿为主，空气相对湿度可维持在90%以上，气温尽量控制在28~30℃，气温高于35℃，菇体长得快，易开伞，产量低，品质差；低于25℃则出菇困难。子实体原基形成时，打好出菇水。子实体形成期间的空气湿度宜控制在80%~90%。

此时如果培养料的酸碱度低于8时，可用1%石灰水喷洒。结菇期间，注意通风换气。

(四) 严格控制鬼伞发生

鬼伞一般是在草菇播种后7天左右出现，及时摘除。防止方法是严格对培养料消毒，特别是后发酵要严格控制温度，同时培养料在播种后5~6天和出菇后可喷2.5%石灰澄清液，使培养料的pH值保持在8~9。

八、采收

草菇从播种到开始采收，在温度正常的情况下，约需12天。草菇生长快，易开伞，要做到及时采收。草菇旺产期每天要采收2~3次。

采收时，一手按住培养料，一手轻轻把子实体拧下，切勿伤及未成熟的幼蕾，如系丛生，应用小刀逐个割取，或一丛中大部分适合采收时一齐采摘。采菇时切忌拔取，以避免牵动菌丝，影响以后出菇。

采下的菇，要及时用锋利小刀切除子实体根部的腐草和泥沙，及时送市场鲜销。草菇除鲜销外，还可以加工成干草菇、草菇罐头和盐渍草菇等。

一般采完第一批（潮）菇后，过一周左右就会出第二批（潮）菇，若管理得当，可收菇2~3茬，但主要产量集中在第一茬，一般第一茬菇的产量约占总产量的70%。利用废棉栽培草菇，管理得当，生物转化率可达到40%以上。

九、草菇栽培中常见异常现象

（一）菌丝萎缩

一般情况下，草菇播种后12小时左右，菌种块就应该萌发，并开始向料内生长。如果播种后24小时，菌丝仍未萌发或仍不向料内生长，就可能是菌丝发生萎缩。菌丝萎缩原因有高温烧菌、菌种低劣、缺氧窒息、温差过大、药物影响、氨气为害、害虫为害。

（二）菌丝徒长

在发菌阶段，料面形成大量白色绒毛状气生菌丝为菌丝徒长现象。菌丝徒长后，不能及时转入生殖生长，现蕾推迟，成菇少，产量低。多见于通气不良的情况，料床内温度高、湿度大、二氧化碳浓度高，刺激了菌丝徒长。

（三）菌种现蕾

草菇接种2～3天后，裸露料面的菌种上出现白色菇蕾的现象。菇棚光线过强，菌种受光刺激，使一部分菌丝扭结，过早形成菇蕾；菌种菌龄过长，也容易在菌种上过早产生菇蕾。

（四）脐状菇

草菇在子实体形成过程中，外包膜顶部出现整齐的圆形缺口，形似肚脐状。此现象既影响产量，又影响品质。

脐状菇主要发生在通风不良、二氧化碳浓度过高的出菇场地。

（五）子实体长白毛

在草菇子实体表面，长出白色浓密的绒毛。影响子实体成熟，甚至引起子实体萎缩死亡。主要是通风不良、缺氧、二氧化碳浓度过高。

（六）菇蕾枯萎

在实践中常见到菇蕾枯萎死亡的现象，特别是第2潮菇发生后，枯萎更为严重。菇蕾枯萎不仅导致草菇减产，严重时颗粒无收。造成菇蕾枯萎原因有菌种退化、环境不适宜、温差变化大和管理不善及病虫为害等。

（七）草菇死菇

草菇死菇原因有通气不畅、水分不足、温度骤变、环境偏酸、水温不适、采摘损伤、菌种退化、感染杂菌、发生虫害等。

第八章　黑木耳

黑木耳是一种质优味美的胶质食用菌和药用菌。它肉质细腻，脆滑爽口，营养丰富。其蛋白质含量远比一般蔬菜和水果高。且含有人类所必需的氨基酸和多种维生素。其中维生素 B 的含量是米、面、蔬菜的十倍，比肉类高 3~6 倍。铁质的含量比肉类高 100 倍。钙的含量是肉类的 30~70 倍，磷的含量也比鸡蛋、肉类高，是番茄、马铃薯的 4~7 倍。

黑木耳具有滋润强壮、清肺益气、镇静止痛、清涤胃肠等功效，它所含的多糖体也具有显著的抗肿瘤活性。是中医在治疗寒湿性腰腿疼痛、手足抽筋麻木、痔疮出血、痢疾、崩淋和产后虚弱等病症的常用配方药物，是纺织、水泥、采矿、清洁工和化工厂工人的保健食品。

近年来，国外也很重视黑木耳生产，但除日本外，国外生产的黑木耳，不是真正黑木耳，大部分是黑木耳的近缘种——毛木耳。由于毛木耳生长环境与黑木耳相同，在我国分布也相当广泛，外表与黑木耳也非常相似，所以国内也常常有人误将毛木耳当成黑木耳。

毛木耳子实体粗大肉厚，栽培生产也较黑木耳容易，产量比黑木耳高得多，但品质较黑木耳低，吃起来质脆不易嚼烂，质量远不及黑木耳，目前市价是黑木耳的 1/3左右。

第一节　黑木耳生物学特性

一、分类

黑木耳隶属真菌门，担子菌纲，异隔担子菌亚纲，银耳目，黑木耳科，黑木耳属。

二、形态特征

在自然界中，黑木耳侧生于枯木上，它是由菌丝体、子实体和担孢子三部分组成。

（一）子实体

又称为担子果即食用部分，是由许多菌丝交织起来的胶质体。初生时呈颗粒状，幼小时子实体呈杯状，在生长过程中逐渐延展成扁平的波浪状，即耳片。耳片有背腹之分，背面有毛，腹面光滑有子实层，在适宜的环境下会产生担孢子，子实体新鲜时有弹性，干时脆而硬，颜色变深，见下图。

图　黑木耳

（二）菌丝体

黑木耳菌丝体，由许多具有横隔和分枝的绒毛状菌丝所组成，单核菌丝只能在显微镜下观察到，如生长在木棒上则木材变得疏松呈白色；生长在斜面上，菌丝呈灰白色绒毛状贴生于表面，若用培养皿进行平板培养，则菌丝体以接种块为中心向四周生长，形成圆形菌落，菌落边缘整齐，菌丝体在强光下生长，分泌褐色素使培养其呈褐色，在菌丝的表面出现黄色或浅褐色。另外，培养时间过长菌丝体逐渐衰老也会出现与强光下培养的相同特征。

三、生长发育条件

（一）营养

木耳是一种腐生真菌，它的营养来源是依靠有机物质，即从死亡树木的韧皮部、木质部中分解和吸收各种现成的碳水化合物、含氮物质和无机盐，从而得到生长发育所需的能量。

在采用木屑、棉籽壳、玉米芯、豆秸秆、稻草等作培养料时，常常要加米糠或麸皮，增加氮源和维生素，以利菌丝体的生长繁殖，适合木耳生长发育的碳氮比是20∶1。

（二）温度

品种间对温度的要求有差异。同一品种在不同发育阶段对温度的要求也不一样，不同地区的菌种对温度的要求也不同。了解和掌握黑木耳各阶段温度要求，是人工栽培管理的依据。

菌丝生长对温度适应性很强。在5～35℃均可生长繁殖，最适温度是20～28℃。在-40℃的低温时菌丝仍能保持生命力。但难以忍受36℃以上的高温。子实体的发生范围为15～32℃，最适的温度是15～22℃。子实体的形成温度与地区有关，一般南方的品种比北方的要高5℃左右。

（三）水分

人工配制培养基水分含量以60%～65%为宜。在菌丝生长阶段，培养室空气相对湿度应控制在50%～70%。在子实体形成期对空气的相对湿度比较敏感，要求达 90%以上，如果低于 70%，子实体不易形成。

（四）空气

黑木耳是好气性腐生菌。露天栽培时一般可不考虑黑木耳对空气的要求，但在室内栽培和培养菌丝时，应注意通气和避免培养基水分含量过多而排挤空气造成生长不良。

（五）光线

黑木耳菌丝需要在黑暗或和微弱光线环境中生长。但在完全黑暗的条件下又不能形成子实体。若光线不足，子实体发育不正常。在 400 勒克斯的条件下，子实体能正常生长。

（六）酸碱度

菌丝生长的 pH 值最适范围是 5~6.5。

第二节　黑木耳菌种制作

一、母种制作

（一）母种培养基

1. PDA 培养基
2. 洋葱浸汁培养基

洋葱 100 克、葡萄糖 20 克、味精 1 克、琼脂 20 克、水 1 000 毫升。

（二）菌种培养管理

培养室温度控制在 25℃左右培养，空气湿度 70%。

（三）质量检查

菌丝平贴培养基匍匐生长，较粗壮，密集，洁白，呈棉絮状，菌丝前端较整齐，满管后有一定的爬壁现象，后期颜色加深，并产生分生孢子，能分泌浅黄色至茶褐色色素，香味不突出，菌丝生长速度中等。

二、原种制作

（一）原种培养基（%）

（1）棉籽壳 90、麸皮 8、糖 2、含水量 65 左右。

（2）阔叶树木屑 78、麸皮 20、糖 1、石膏 1、含水量（58±2）。

（3）棉籽壳 99、石膏 1、含水量（60±2）。

（二）菌种培养管理

培养室温度控制在 25℃左右培养，空气湿度 70%。

（三）质量检查

菌丝洁白，有时上方可能出现淡褐色，粗壮有力，生长较快，发育均匀。培养一段时间后，会出现菊花状或梅花状的胶质原基，褐色至黑褐色。

三、栽培种制作

（一）栽培种培养基（%）

（1）棉籽壳 39、木屑 39、麸皮 20、糖 1、石膏 1~2 加水充分拌匀后，使培养料的含水量在 65 左右。

（2）阔叶树木屑 63、玉米芯粉 15、麸皮 20、糖 1、石膏 1、含水量（58±2）。

（3）棉籽壳 84~89、麦麸 10~15、石膏 1、含水量（60±2）。

（二）栽培种培养管理

培养室温度控制在 25℃左右培养，空气湿度 70%。

（三）质量检查

菌丝洁白，有时上方可能出现淡褐色，粗壮有力，生长较快，发育均匀。培养一段时间后，会出现菊花状或梅花状的胶质原基，褐色至黑褐色。

第三节　黑木耳栽培技术

一、栽培场地及季节

可利用蔬菜大棚、空闲场地、阳台、楼顶、林果树阴下等场地，但要临近水源，通风好，远离污染源。

栽培季节以当地气温稳定在15~25℃时为最佳出耳期进行推算。

二、代料栽培黑木耳

（一）培养料配制（%）

（1）棉籽壳90、麸皮8~10、石膏1~2、水70~80、pH值7。

（2）木屑（阔叶树）78、麸皮（或米糠）20、石膏粉1、糖1。

（3）玉米芯粉79、麸皮20、石膏粉1。

（4）甘蔗渣84、麸皮（或米糠）15、石膏1。

菌丝生长阶段袋内含水量60%~65%。

（二）菌袋制作

1. 配料

按比例称料，拌料前棉籽壳需加水预湿，玉米芯需经石灰水预浸泡处理，然后将其他材料均匀地拌在一起，边加料边拌和，使料含水量为60%~65%。掌握含水量的感观标准，料吸足水分后，抓一把料用手握，以指缝间有水痕而不滴水为宜。

2. 装袋

栽培袋常用高密度聚乙烯袋。装袋时要边装边用手轻轻压实，使上下松紧一致。灭菌后当料温降至30℃抢温接种。

（三）发菌管理

1. 发菌管理

室温应控制在20~25℃为宜。每天通气10~20分钟，空气相对湿度保持在50%~70%，如超过70%，棉塞易生霉。培养室光线要接近黑暗。在培养期间尽可能不搬动料袋，必须搬动时要轻拿轻放，以免袋子破损，污染杂菌。培养40~45天菌丝长到袋底后，即可移到栽培室进行栽培管理。

2. 黑木耳发菌常见问题的补救措施

（1）进入发菌室5天内，其他管理正常，如果发现70%以上的菌袋，种块不萌动，也没有杂菌污染，属杀菌时间短，应立即全部回锅重新杀菌后再利用。

（2）进入发菌室7天内，如果发现霉菌污染数量超过1/3，不论是何原因，必须挑出污染部分，重新杀菌再利用。

（3）进入发菌室10天后，如发现菌丝吃料特别慢或停止生长，如果原料没有问题，就是袋内缺氧造成，要清除残菌、补充新料，重新灭菌再利用，并改进封口措施。

（四）出耳管理

室内床架栽培常采用挂袋法。操作方法是：除去菌袋口棉塞和颈圈，用绳子扎住袋口，用1%的高锰酸钾溶液或0.2%克霉灵溶液清洗袋的表面，并用锋利的小刀轻轻将袋壁切开三条长方形洞口，上架时用14号铁丝制成“S”形挂钩，将袋吊挂到栽培架的铁丝上。按子实体生长阶段对温湿度和空气的要求进行管理。亦可采用吊绳挂袋出耳。

在自然温度适宜的季节也可在树阴下或人工阴棚中搞室外栽培，栽培方法仍以挂袋法为佳，如在地面摆放，应采取措施，防止泥土飞溅到木耳片上及木耳与地面的直接接触。

栽培袋表面菌丝发生扭结和形成少数黄褐色胶状物时，将袋口封死不透气，再按梅花状均匀分配在菌袋周围用利刀片或剪子划破薄膜，开出5~6个裂口，孔形如“V”状，两边裂缝各长约1.5厘米，孔间距离10厘米左右。空气湿度保持在90%左右，裂口保持在湿润状态。裂口处长出肉瘤状的耳基，逐渐长大成耳芽突出裂缝外。

小耳片形成后要加大湿度及通风，喷水最好是雾状勤喷，多雾、阴雨天加大通风，促使耳片快速展开。在子实体生长期应进行干湿交替管理，先停水2~3天，然后加大湿度，使耳片充分吸水。整个出耳期应避免高温、高湿，以免出现流耳或霉菌感染。黑木耳出耳温度应控制在15~25℃，不超过28℃。为了避免出现不良现象，水分管理上应遵守“七湿三干，干湿交替”的原则。要有足够的散射光，以促进耳片生长肥厚，色泽黑亮，提高品质。

（五）采收加工

1. 采收

成熟的耳片要及时采摘。子实体成熟的标准是颜色由深转浅，耳片舒展变软，肉质肥厚，耳根收缩，子实体腹面产生白色孢子粉。袋栽一般两个星期。但栽培袋所处的位置不一致，成熟时间也不一致，故需分批采收。采摘时用手抓住整朵木耳轻轻拉下，或用小刀沿壁削下，切忌留下耳根。总的要求是：勤摘、细拣、不使流耳。段木栽培春耳和秋耳要拣大留小，伏耳则要大小一起采。

2. 加工

采收下来的木耳，用清水洗净泥沙杂质，然后在烈日下晒干，若遇阴雨则应及时烘干。烘晒时应单层摊放，互不重叠以免粘连。未干之前不宜翻动，以免耳片卷成拳耳，影响产品质量。

黑木耳的干品，应密封在无毒的塑料袋内，以防吸潮变质。凡装过农药、化肥、化学药品及其他有害物质的包装袋，不能用于包装黑木耳。

第九章　鸡腿蘑

鸡腿蘑又名毛头鬼伞、毛鬼伞、刺蘑菇，属真菌门担子菌亚门层菌纲伞菌目鬼伞科。

鸡腿蘑幼时肉质细嫩，鲜美可口，色香味皆不亚于草菇。鸡腿蘑营养丰富，肉质松软，味道鲜美。它含有20余种氨基酸，其中包括8种人体必需的氨基酸。鸡腿蘑还是一种药用蕈菌，味甘性平，有益脾胃、清心安神、治痔等功效，经常食用有助消化、增进食欲和治疗痔疮的作用。中医认为鸡腿蘑具有益脾胃、清神、助消化、增食欲、治痔疮的功效，经常食用有助于消化、增加食欲和治疗痔疮的作用。据《中国药用真菌图鉴》等书记载，鸡腿蘑的热水提取物对小白鼠肉瘤180和艾氏癌抑制率分别为100%和90%。另据报道，鸡腿蘑含有治疗糖尿病的有效成分，以每千克体重用2克鸡腿蘑的浓缩物投给小白鼠，1.5小时后降低血糖浓度的效果最为明显。近年来，美国、荷兰、法国、德国、意大利、日本相继栽培鸡腿蘑成功，其生产的鲜菇、干菇（切片菇）、罐头菇，在国际市场都很受欢迎。

第一节　鸡腿蘑生物学特性

一、分类学地位

鸡腿蘑又名毛头鬼伞、毛鬼伞、刺蘑菇，属真菌门、担子菌亚门、层菌纲、伞菌目、鬼伞科。

世界各国均有，我国主要产于华北、东北、西北和西南，河北、山东、山西、黑龙江、吉林、辽宁、甘肃、青海、云南、西藏等省

(区) 均有分布。

二、形态特征

子实体群生。姑蕾期菌盖圆柱形，连同菌柄状似火鸡腿，鸡腿蘑由此得名。后期菌盖呈钟形，高9~15厘米，最后平展。菌盖表面初期光滑，后期表皮裂开，成为平伏的鳞片，初期白色，中期淡锈色，后渐加深；菌肉白色，薄；菌柄白色，有丝状光泽，纤维质，长17~30厘米，粗1~2.5厘米，上细下粗，菌环乳白色，脆薄，易脱落；菌褶密集，与菌柄离生，宽5~10毫米，白色，后变黑色，很快出现墨汁状液体，见下图。

图　鸡腿蘑

子实体成熟时菌褶变黑，边缘液化。保鲜期极短，可食，但少数人食后有轻微中毒反应，尤其在与酒同食时易引起中毒。

三、鸡腿蘑生长发育对环境条件的要求生活条件

(一) 营养

鸡腿蘑是一种适应能力极强的草腐土生菌，鸡腿蘑能够利用相当广泛的碳源。葡萄糖、木糖、半乳糖、麦芽糖、棉籽糖、甘露醇、淀粉、纤维素、石蜡都能利用。利用木糖比葡萄糖差，利用乳糖相当好，但不是最好。

蛋白胨和酵母粉是鸡腿蘑最好的氮源。在麦芽汁培养基中加入天门冬酰胺、蛋白胨、尿素，菌丝生长更好。缺少硫胺素时鸡腿蘑生长受影响。鸡腿蘑可以进行深层培养。在只含无菌水、磷酸盐和碳源的培养液中，鸡腿蘑的菌丝也能生长。

（二）温度

鸡腿蘑菌丝生长的温度范围在 3～35℃，最适生长温度在 22～28℃。鸡腿蘑菌丝的抗寒能力相当强，冬季-30℃时，土中的鸡腿蘑菌丝依然可以安全越冬。35℃以上时菌丝发生自溶现象。子实体的形成需要低温刺激，当温度降到在 9～20℃时，鸡腿蘑的菇蕾就会陆续破土而出。低于 8℃或高于 30℃，子实体均不易形成。20℃以上菌柄易伸长、开伞。人工栽培，温度在 16～24℃时子实体发生数量最多，产量最高。

（三）水分

鸡腿蘑培养料的含水量以 60%～70%为宜，发菌期间空气相对湿度 80%左右。子实体发生时，空气相对湿度应为 85%～95%，低于 60%菌盖表面鳞片反卷，湿度在 95%以上时，菌盖易得斑点病。

鸡腿蘑培养料的含水量以 60%～70%为宜。子实体发生时，空气相对湿度以 85%～90%为宜，低于 60%菌盖表面鳞片反卷，湿度在 95%以上时，菌盖易发生斑点病。覆土层的含水量控制在 25%～45%为佳（一般黏性黄土与草炭土持水量不同）。

（四）空气

鸡腿蘑菌丝体生长和子实体的生长发育都需要新鲜的空气。在菇房中栽培，子实体形成期间每小时应通风换气 4～8 次。

（五）光线

鸡腿蘑可在黑暗条件下发菌。但菇蕾分化时和子实体发育长大时均需要 300～1 000 勒克斯的光照。黑暗条件下出菇，会造成菌盖色泽灰暗，子实体发育不良，易发病；光照过强则抑制子实体生长，且质地、色泽变差。

（六）酸碱度

鸡腿蘑菌丝能在 pH 值 2~10 的培养基中生长。培养基初期的 pH 值 3.7 或 8，经过鸡腿蘑菌丝生长之后，都会自动调到 pH 值 7 左右。因此，无论是培养基或覆土材料均以 pH 值为 6~7 时最适合。

（七）覆土

应特别指出的是，鸡腿蘑子实体的形成需要覆土及土壤微生物代谢产物等的刺激。

第二节　鸡腿蘑菌种制作

一、母种制作

（一）母种培养基

（1）PDA 培养基。

（2）小麦 200 克，浸泡 10 小时，煮 30 分钟，滤汁，加葡萄糖 20 克、蛋白胨 3 克、硫酸镁 0.5 克、磷酸二氢钾 1.0 克、维生素 B_1 0.2 克、琼脂 20 克，加水至 1 000 毫升。

（3）马铃薯 200 克、葡萄糖 20 克、硫酸镁 1.5 克、磷酸二氢钾 1.5 克、磷酸氢二钾 1.5 克、维生素 B_1 10 毫克、琼脂 20 克，加水至 1 000 毫升。

（二）母种培养管理

菌丝最初白色，然后变成灰白色，培养基的颜色也随之加深。在恒温箱中，25℃条件下菌丝在 7~10 天可长满斜面，最快的 5~6 天。

（三）母种质量检验

菌丝白色有光泽，整齐浓密无锁状联合，可产生菌索。后期分泌色素可呈褐色。

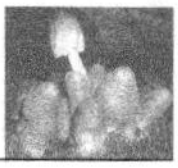

二、原种制作

（一）原种培养基（%）

1. 稻草培养基

稻草（切段或粉碎）60、麸皮 25、玉米粉 8、复合肥 5、糖 1、石灰 1。

2. 棉籽壳培养基 A

棉籽壳 90、麸皮 4.5、玉米粉 4.5、石灰 1。

3. 木屑培养基

杂木屑 75、麸皮 15、玉米粉 8、糖 1、石膏粉 1、维生素 B_1 微量。

4. 麦粒培养基

麦粒加水浸泡 10～15 小时，加 1 石灰粉煮沸 30 分钟（至无白心，而皮不破），稍晾后装瓶。

以上培养基的含水量均控制在 60%～65%，所有培养基均保持自然 pH 值。

（二）原种培养管理

置于 24～26℃的温室或温箱中培养。经 30～35 天鸡腿蘑菌丝就可以长满全瓶。

（三）原种质量检验

菌丝白色有光泽，整齐浓密无锁状联合，可产生菌索。纯香无霉味。后期分泌色素可呈褐色。

三、栽培种制作

（一）栽培种培养基

（1）同上述原种培养基配方。

（2）杂木屑 78、麸皮 20、碳酸钙 1、蔗糖 1，料水比为 1∶1.5，pH 值自然。

（3）蘑菇堆肥 28、木屑 60、麸皮 12，料水比 1∶（1.4～1.5），pH 值自然。

(二) 种质量检验

菌丝白色有光泽，整齐浓密无锁状联合，可产生菌索。纯香无霉味。后期分泌色素可呈褐色。

第三节 鸡腿蘑栽培技术

一、栽培季节

春季至夏初、秋季至春季都可以栽培鸡腿蘑。鸡腿蘑的出菇温度为9~20℃，如采用室外栽培，栽培季节以出菇期能正赶上出菇温度标准为宜。各地栽培时间可根据当地的气候酌情确定。

二、栽培场所及原料

室外栽培可以在果园、菜地、休闲田中整畦搭棚进行。室内栽培可以利用现有菇房、床架进行栽培管理。

栽培主料有稻草、棉籽壳、麦秆、硬杂木屑、牛粪、马粪、马厩肥等。辅料有麦麸、米糠、石膏、复合肥、玉米面、石膏粉、石灰粉和维生素 B_1 等。

三、熟料栽培方法

(一) 栽培配方 (%)

(1) 木屑78、麦麸20、石膏1、糖1、过磷酸钙1。

(2) 棉籽壳96、磷肥2、石灰2、水1∶1.6。

(3) 玉米芯（粉碎）97、尿素1、石灰2、水1∶1.5。

(二) 菌袋制作

1. 栽培料处理

按照培养料配方进行配料，在拌料时将可溶性物质分别溶于水中并泼在培养料上，对不可溶的物质，在拌料前要加到主料中混匀，使各种原料充分混合，水分分布均匀，然后堆积成堆。料拌好后要检查含水量。以棉籽皮为主料的一般放置4~5小时后可开始装袋，含玉米芯的培养料要在拌料后的第二天装袋，目的是使培养料充分吸水，确保灭菌彻底。

2. 装袋

装袋熟料栽培鸡腿蘑用的菌袋，是选用宽17~20厘米，长36~52厘米，厚0.004厘米的聚丙烯袋或低压聚乙烯袋。

3. 灭菌接种

常压4~6小时达到100℃，之后持续烧8~10小时。达到灭菌时间后，停止加热，利用余热再闷一段时间，可出锅。冷却并抢温接种。

(三) 培菌

发菌需在避光、温度为22~25℃、较干燥、通风良好的室内进行。接种7~10天后要进行第一次翻袋，检查菌丝生长情况，拣出污染的菌袋。整个发菌周期共翻袋3~4次。一般25~30天菌丝就可以长满料。

(四) 覆土

1. 覆土的选择、处理

应选用具有良好通气性的肥沃壤土作为覆土，但不能用保水性和透气性差的沙土、胶泥土等作覆土用。如果覆土中掺入15%的过筛煤渣效果就更好。覆土处理：选好的覆土加入2%~3%的生石灰粉，有条件的也可喷500倍的敌敌畏和200倍的甲醛溶液，拌好后堆成堆，覆盖薄膜闷堆24小时。用覆土之前必须先撤膜散堆，让药味散失，覆土的湿度以受握成团，落地即散为宜。

2. 脱袋、覆土

当菌丝长满袋后，如有适宜的出菇温度，就可转入出菇管理阶段了。在塑料大棚内，按南北走向建造宽1~1.2米，深30~40厘米，长度依棚宽度而定的地畦，在畦底和畦的四周撒一层石灰粉。将发满菌的菌袋脱去薄膜，平躺在挖好的畦内，菌棒间留2~3厘米的缝隙，用处理过的覆土将袋间空隙填平，并在整个料面上覆 3~4 厘米的覆土，最后用农膜覆盖畦面。

覆土以厚度 0.5~1 厘米为主，不要大于 2 厘米。

保持栽培房内空气相对湿度在 85%~90%，温度调节至 16~22℃。室外或大棚应有遮阳措施，避免强光照射。1 周后，菌丝恢复生长并连结成块，每天掀开塑料薄膜喷水，同时增加通风，以刺激菌丝体纽结，形成菇蕾。

（五）出菇管理

菌袋经过覆土，7~10 天菌丝就可以长透覆土层，然后逐步进入分化期。此时需加强管理即出菇期的管理，在这个阶段主要是创造鸡腿蘑出菇的理想环境条件。其具体操作要点如下。

适当加强通风，保持新鲜空气；适当增加光照，但是应避免强光直射；温度控制在 12~22℃；提高空气湿度和保持覆土的适宜湿度，使空气湿度达到 85%~90%；覆土的湿度以手握成团，落地即散为宜。

在适宜的条件下，覆土后 12~15 天，鸡腿蘑便会破土而出。出菇后同样应注意温度、通气、空气湿度、覆土湿度、光照等条件的调节，以便获得优质、高产的鸡腿蘑产品。

四、发酵料袋式栽培

（一）培养配制（%）

（1）棉籽壳 30~40（或玉米芯 30~40）、菇糠 60~70、生石灰 7~8（外加）、料：水 1：（1.5~1.6）。

（2）酒糟 90、石灰 8、石膏 1、碳酸氢铵 1。

（3）棉籽壳或落地废棉 100、生石灰 2~3。

（4）棉籽壳 95.5、磷肥 2、尿素 0.5 千克、石灰 2。

（5）玉米芯（粉碎）97、尿素 1、石灰 2。

以上各配方含水量均为 60%~65%。

（二）装袋和播种

菌种要选用菌丝生活力强，生长速度快，对基质的分解能力强，适应性广，抗逆性强，成菇率高的菌株。将发酵好的培养料装入聚乙烯塑料袋，可采用三层料四层种或三层种二层料方式，接种量为15%~20%。在袋的两头将菌种均匀摆开，中间两层的菌种紧贴于塑料袋的外侧，装完袋后在每个菌种块上用针扎3~4个眼，以利通气。根据气温决定所码袋子的层数。

（三）菌丝培养管理

发菌期的最适温度为23~26℃。若遇到高温（40℃以上）易被烧死，若遇低温则延迟生长。管理要注意通风散热。此期培养料温度一般比袋外高3~5℃，所以袋表面温度不可超过25℃，以20℃左右为宜，手摸有凉感为好，有热感则不好，烫手则发生烧菌现象。

（四）出菇期管理

经过30~35天的发菌，即可进行出菇期管理。其脱袋覆土等管理同熟料栽培。

五、发酵料床栽

（一）栽培料配方（%）

（1）稻草37.5、玉米秆粉37.5、马粪19、尿素1、石灰3。

（2）棉籽壳97.5、尿素0.5、石灰2。

（3）玉米芯粉94、尿素1、石灰3。

以上各配方含水量60%~65%。

（二）栽培料的发酵

根据当地的自然条件选择配方，将按比例称量好的培养料加水拌匀，建成宽1米，高1.2米，长根据栽培料而定的梯形发酵堆，盖上塑料。经2~3天，堆内温度可上升到60℃，再过12小时，就可以进行第1次翻堆，要求内翻外、外翻内、上翻下、下翻上，以保证堆内有害气体的释放及抑制有益放线菌的过度生长。当堆温再达到60℃时，保持10小时，发酵结束。

（三）栽培

将发酵好的培养料铺在事先准备好的室外地床上，床宽40厘米，深25厘米，长不限。铺料厚度为15厘米，待料温降到25℃以下，分3~4层撒播菌种，播种量为投料量的15%~20%。播种后将料面压实，上盖1层3厘米左右的土壤，再盖一层薄膜，以保持温度和湿度，5~7天检查，发现菌丝长满培养料后，去掉薄膜，再盖2厘米厚的细壤土，然后喷水保湿。床上搭拱型塑料小棚，防止雨水及遮挡直射阳光。2周左右就可见子实体陆续长出。

六、鸡腿蘑出菇异常

（一）死菇蕾

造成的病因有多种，出菇棚内相对湿度及覆土含水量过低、通风量过大。覆土出菇时铺料太厚或摆袋过密。覆土偏薄，出菇太密；菇棚内温度偏高或偏低（高于25℃或低于10℃）；湿度过大、通风不良、二氧化碳浓度过高；采菇不慎或防虫用药不当均易造成该病发生。防治方法：认真调节覆土含水量。在子实体形成发育期间空气相对湿度保持在80%~90%，并缓慢通风，以免吹干菇体；脱袋覆土时袋行间距应在3~5厘米，以免料温升高；覆土厚薄要均匀，一般控制在3~5厘米；合理安排生产季节，严格控制出菇棚内温度于12~20℃，湿度85%~90%，并定时通风换气，谨慎操作，合理用药。

（二）早开伞病

1. 症状及病因

菇蕾形成后不能进一步发育成菌柄粗壮、菌盖紧密的商品菇，而是形成菌盖薄小且松动开伞的次品菇。造成这一病害的原因有：培养料营养过于贫乏或铺料太薄；出菇过密加上温度偏高；菇棚内相对湿度偏低或覆土层偏干等均易出现早开伞。

2. 防治方法

培养料要营养丰富，配比合理，铺料厚度不能低于10厘米；通过摆放菌袋的疏密来控制出菇密度；遇自然温度偏高时，可采取加厚

草帘等覆盖物，夜晚通风，向人行道浇水等措施来降低温度；畦床铺料覆土后，可覆盖薄膜保湿或向覆土适当喷水保湿。

七、鸡腿蘑的采收

鸡腿蘑长到八成熟就应采摘。一般鸡腿蘑高达 8~12 厘米，菌盖直径 2~3 厘米，菌盖与菌环分离前是最佳的采收时期。如不及时采收，菌盖与菌环分离，而且菇体成熟时，菌盖边缘会由白变为浅粉红色，并开伞产生大量的黑色孢子，菌褶也很快自溶成黑色的墨汁状，仅留下菌柄，这时便完全失去了商品价值。

采菇时，应随时将菇根、死菇、菌索等清除掉，对缺土的部位及时补土。头潮菇采完后，结合浇水对菇床补充 2%的石灰水溶液和1%复合肥溶液，其他管理同头潮菇。7~12 天后又可出第二潮菇。共可出 4~5 潮菇，但产量主要集中在头三潮，一般前三茬菇占总产的70%~80%，而且菇的质量也最好。

第十章　金针菇

金针菇是秋冬与早春栽培的食用菌，以其菌盖滑嫩、柄脆、营养丰富、味美适口而著称于世。据测定，金针菇氨基酸的含量非常丰富，高于一般菇类，尤其是赖氨酸的含量特别高，赖氨酸具有促进儿童智力发育的功能。金针菇干品中含蛋白质 8.87%，碳水化合物 60.2%，粗纤维达 7.4%，经常食用可防治溃疡病。最近研究又表明，金针菇内所含的一种物质具有很好的抗癌作用。

因为新鲜的金针菇中含有秋水仙碱，人食用后，容易因氧化而产生有毒的二秋水仙碱，它对胃肠黏膜和呼吸道黏膜有强烈的刺激作用。一般在食用 30 分钟至 4 小时内，会出现咽干、恶心、呕吐、腹痛、腹泻等症状；大量食用后，还可能引起发热、水电解质平衡紊乱、便血、尿血等严重症状。秋水仙碱易溶于水，充分加热后可以被破坏，所以，食用鲜金针菇前，应在冷水中浸泡 2 小时；烹饪时把要金针菇煮软煮熟，使秋水仙碱遇热分解；凉拌时，除了用冷水浸泡外，还要用沸水焯一下，让它熟透。另外，市场上出售的干金针菇或金针菇罐头，其中的秋水仙碱已被破坏，可以放心食用。

但是，金针菇并非人人皆宜。传统医学认为，金针菇性寒，脾胃虚寒、慢性腹泻的人应少吃；关节炎、红斑狼疮患者也要慎食，以免加重病情。

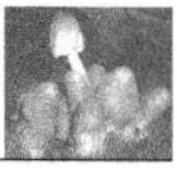

第一节 金针菇生物学特性

一、分类学地位

学名毛柄金钱菌，俗名：构菌、朴菇、冬菇等。分类属伞菌目口蘑科金针菇属。

自然界广为分布，中国、日本、俄罗斯、欧洲、北美洲、澳大利亚等地均有分布。在我国北起黑龙江，南至云南，东起江苏，西至新疆维吾尔自治区均适合金针菇的生长。

二、形态特征

子实体主要功能是产生孢子，繁殖后代。金针菇的子实体由菌盖、菌褶、菌柄三部分组成，多数成束生长，肉质柔软有弹性。菌盖呈球形或呈扁半球形，直径1.5~7厘米，幼时球形，逐渐平展，过分成熟时边缘皱褶向上翻卷。菌盖表面有胶质薄层，湿时有黏性，色黄白到黄褐，菌肉白色，中央厚，边缘薄，菌褶白色或象牙色，较稀疏，长短不一，与菌柄离生或弯生。菌柄中央生，中空圆柱状，稍弯曲，长3.5~15厘米，直径0.3~1.5厘米，菌柄基部相连，上部呈肉质，下部为革质，表面密生黑褐色短绒毛。

三、生长发育对环境条件的要求

（一）营养

金针菇是腐生真菌。氮素营养是金针菇合成蛋白质和核酸的原料，在栽培配料中麦麸、大豆粉等原料含有大量的氮素养料。金针菇在菌丝生长阶段，培养料的碳、氮比以20：1为好，子实体生长阶段以（30~40）：1为好。金针菇需要的矿质元素有磷、钾、钙、镁等，所以在培养中应加入一定量的磷酸二氢钾、硫酸钙、硫酸镁等矿质养料。金针菇也需要少量的维生素类物质，见右图。

图　金针菇

（二）温度

金针菇属低温结实性真菌，菌丝体在5~32℃均能生长，但最适温度为22~25℃，菌丝较耐低温，但对高温抵抗力较弱，在34℃以上停止生长，甚至死亡。子实体分化在3~18℃进行，但形成的最适温度为8~10℃。低温下金针菇生长旺盛，温度偏高，柄细长，盖小。昼夜温差大时可刺激金针菇子实体原基发生。

（三）水分

菌丝生长阶段，培养料的含水量要求在65%~70%，低于60%菌丝生长不良，高于70%培养料中氧气减少，影响菌丝正常生长。子实体原基形成阶段，要求环境中空气相对湿度在85%左右。子实体生长阶段，空气相对湿度保持在90%左右为宜。

（四）空气

金针菇为好气性真菌，菌丝生长阶段，微量通风即可满足菌丝生长需要。在子实体形成期则要消耗大量的氧气，特别是大量栽培时，当空气中二氧化碳浓度的积累量超过0.6%时，子实体的形成和菌盖的发育就会受到抑制。

（五）光线

金针菇的菌丝和子实体在完全黑暗的条件下均能生长，但子实体在完全黑暗的条件下，菌盖生长慢而小，多形成畸形菇，微弱的散射光可刺激菌盖生长，过强的光线会使菌柄生长受到抑制。以食用菌柄为主的金针菇，在其培养过程中，可加纸筒遮光，促使菌柄伸长。

（六）酸碱度

金针菇要求偏酸性环境，菌丝在 pH 值 3~8.4 范围内均能生长，但最适 pH 值为 4~7，子实体形成期的最适 pH 值为 5~6。

第二节　金针菇菌种制作

一、母种制作

（一）金针菇母种培养基制作（仅供参考）

1. PDA 培养基

2. 马铃薯麦麸培养基

马铃薯 120 克、麦麸 50 克、葡萄糖（或蔗糖）20 克、琼脂 20 克、水 1 000 毫升。

（二）金针菇母种培养

22~23℃恒温避光培养，7~10 天长满斜面。

（三）母种质量检查

金针菇菌丝白至灰白，初期较蓬松，后期气生菌丝紧贴培养基。爬壁慢。

二、原种及栽培种制作

（一）原种培养基制作（%）

（1）阔叶树木屑 73、细米糠（或麸皮）25、蔗糖 1、碳酸钙 1。

（2）棉籽壳 88、细米糠（或麸皮）10、蔗糖 1、碳酸钙 1。

（3）棉籽壳 39、细米糠（或麸皮）20、木屑 39、蔗糖 1、碳酸钙1。

(二) 原种培养

在23℃条件下，避光培养30~40天。

(三) 原种质量检查

菌丝洁白、粗壮致密，有细粉状物。后期培养基表面出现成从的子实体。

第三节 金针菇熟料栽培技术

一、栽培季节

金针菇属于低温型的菌类，菌丝生长范围7~30℃，最佳23℃；子实体分化发育适应范围3~18℃，以12~13℃生长最好。温度低于3℃菌盖会变成麦芽糖色，并出现畸形菇。

人工栽培应以当地自然气温选择。南方以晚秋，北方以中秋季节接种，可以充分利用自然温度，发菌培养菌丝体。待菌丝生理成熟后，天气渐冷，气温下降，正适合子实体生长发育的低温气候。

二、熟料栽培

(一) 原料配比（千克）

(1) 棉籽壳100、麦麸20、玉米面5、石膏粉2、过磷酸钙1、白糖1。

(2) 玉米芯（粉碎）75、麦麸20、玉米面3.5、石膏粉2、黄豆面1.5、过磷酸钙1、白糖1。

高粱壳、锯末、花生壳、豆秆、玉米秆、油菜秆等大多数农作物秸秆粉碎后均可代替配方中的玉米芯，但无论选用何种原料，都要求新鲜、干净、无霉变。

按比例称量好各原料，除白糖需加水溶化外，其余均应拌均匀。加水充分搅拌并使含水量达到65%左右，再闷2~4小时，即可装袋。

（二）菌袋制做

选用宽 15~17 厘米、长 33 厘米的塑料袋一头出菇，或 15~17 厘米宽、55 厘米长的塑料袋两头出菇。装袋时边装料边压实，装好后两端用细绳扎成活结。按常规方法高压或常压灭菌。

灭菌好的塑料袋，冷却至室温后即可进行接种。接种箱按每立方米用甲醛 10 毫升、高锰酸钾 5 克进行灭菌 30 分钟。接种时严格操作规程，两端接种，一般每瓶种（750 克/瓶）可接 25~30 袋。

（三）培菌

接种后及时将袋移入培养室，在温度适宜的条件下，约 24 小时菌丝开始萌发，在 20~25℃室温下生长 40~50 天即可满袋。9 月中旬接种，大部分 10 月底发透菌丝，叫全期发菌。以后接种由于温度低，发菌半袋后便边爬料边出菇，叫做半期发菌出菇。

（四）出菇管理

1. 出菇管理工序

（1）全期发菌的出菇管理工序：全期发菌的栽培袋出菇期的管理工序为解开袋口→翻卷袋口→堆袋披膜→通风保湿催蕾→掀膜通风 1 天→披膜促柄伸长→采收→搔菌灌水→保温保湿催蕾。管理方法同前，直至收获 4 茬菇。

（2）半期发菌的出菇管理工序：半期发菌的栽培袋，在培菌期内，菌丝发满半袋后，两端即有幼菇形成，此时应及时按全期发菌的管理方法将菌袋移入栽培场。

2. 搔菌

所谓搔菌就是用搔菌机（或手工）去除老菌种块和菌皮。搔菌通过搔菌可使子实体从培养基表面整齐发生。搔菌宜在菌丝长满袋并开始分泌黄色水珠时进行。菌袋转入菇棚前要消毒，喷水，使菇棚内的湿度为 85%~90%。打开袋口，用接种铲或钩将老菌种扒去，并把表面菌膜均匀划破，但不可划得太深。搔菌后将菌袋薄膜卷下 1/2，摆放在床架上，袋口上覆盖薄膜或报纸，保温、保湿，防菌筒表面干裂。

在一般情况下应先搔菌丝生长正常的，再搔菌丝生长较差的。若有明显污染以不搔为佳。

搔菌方法有平搔、刮搔和气搔几种。平搔不伤及料面，只把老菌扒掉，此法出菇早、朵数多；刮搔把老菌种和5毫米的表层料（适合锯末）一起成块状刮掉，因伤及菌丝，出菇晚，朵数减少，一般不用；气搔是利用高压气流把老菌种吹掉，此种方法最简便。

3. 催蕾

搔菌后应及时进行催蕾处理。温度应保持在10~13℃，空气湿度为85%，但在头3天内，还应保持90%~95%的空气相对湿度，使菌丝恢复生长。当菇蕾形成时，每天通气不少于2次，每次约30分钟。每次揭膜通风时，要将薄膜上的水珠抖掉。并有一定散射光和通气条件。

经7~10天菇蕾即可形成，便可看到鱼籽般的菇蕾，12天左右便可看到子实体雏形，催蕾结束。

4. 抑菌

抑菌也叫蹲蕾。抑菌是培育优质金针菇的重要措施，宜在菇蕾长为1~3厘米时进行。将菇棚内的温度降为8~10℃，停止喷水，加大通风量，每天通风2次，每次约1小时。在这种低温干燥条件下，菇蕾缓慢生长3~5天，菇蕾发育健壮一致，菌柄长度整齐一致、组织紧密、颜色乳白。菇丛整齐。

5. 堆袋披膜出菇法

将菌袋两端袋口解开，将料面上多余塑料袋翻卷至料面。可根据袋的长短决定一端解口或两端解口，一端解口摆放方法是将两个袋底部相对平放在一起，高度以5~6袋为宜，长度不限。在出菇场内地面及四周喷足水分，然后用塑料膜覆盖菌袋。此法保温保湿良好，后期又可积累二氧化碳，有利于菌柄生长。

（1）保湿通风催蕾：披膜后保持膜内小气候，空气相对湿度85%~90%，每天早上掀膜通风30分钟，7~10天可相继出菇，出菇后可适当加大通风，保证湿度，但不可把水洒到菇体上。

（2）掀膜通风抑制：当柄长到3~5厘米时要进行降湿降温抑制。具体措施为停止向地面洒水，掀去塑料膜，通风换气，冬天保持2天，春秋保持1天，使料面水分散失，不再出菇，已长出的菇也因基部失水而不再分枝。

（3）培育优质菇：要求温度在6~8℃，空气相对湿度85%~90%。有极弱光，通过控制通风量维持较高二氧化碳浓度。

一般温度在10~15℃条件下，进入速生期5~7天菇柄可从3厘米长到12~15厘米，10天后可长到15~20厘米，这时可根据加工鲜销标准适时采收。

搔菌灌水。第一茬菇采收后，要进行搔菌，即用铁丝钩将菇根和老菌皮挖掉大约0.5厘米，并将料面整平。若菌袋失水，应往袋内灌水，可将塑料袋口多余的塑料膜拉起往料面上灌水，6~10小时后将水倒出，然后再进行催蕾育菇管理。

一般情况下，金针菇种一次可采收3~4茬，生物转化率可达80%~120%。

三、采收

采收的标准是菌盖轻微展开，鲜销的金针菇应在菌盖6~7分开时采收，不宜太迟，以免柄基部变褐色，基部绒毛增加而影响质量。

四、金针菇生长发育异常

（一）袋料面出现白色絮状气生菌丝

1. 原因

菌袋含水量偏低，保湿发菌阶段空气温度不足。搔菌后，催蕾室内二氧化碳浓度偏高，通风不足，延长了营养生长向生殖生长转化的时间。

2. 防治方法

调整培养基含水量。增加保湿发菌阶段空气相对湿度，防止气生菌丝生长过旺，形成菌膜。做好催蕾阶段室内保温与通风工作。

（二）“搔菌”3 天后，不见料面料恢复

1. 原因

催蕾室小环境的空气过于流通，菌袋料面覆盖物未盖严。

2. 防治方法

集中处理，用冷开水连续 2 天内轻喷 2~3 次，使料面湿润，喷水 10 分钟后再覆盖，保持覆盖物与料面之间有较高的相对湿度。

（三）菌袋料面呈黑色潮湿状

1. 原因

直接将生水喷洒于料面。薄膜长时间覆盖料面，引起膜上冷凝水回滴，导致菌丝萎缩，料面变黑。

2. 防治方法

用灭过菌的小刀挖去发黑部分培养料，重新保湿发菌。

（四）菇蕾变色枯死

1. 原因

在诱导出菇阶段所分泌的小水珠未能及时风干，使菇蕾原基被分泌的水珠淹没，窒息而死。

2. 防治方法

待料面出现细小水珠时，逐渐加大室内通风，使室内的小水珠风干，水珠颜色呈淡黄色，清亮为正常，若呈茶褐色或混浊时，视为已被细菌感染。

（五）原基密密麻麻，有效菇稀稀拉拉

1. 原因

主要是金针菇发育不同步所致，因为抑制开伞，片面提高二氧化碳浓度，过早地将菌袋翻折下的塑料薄膜拉起，或过早进行套袋，使大部分菇蕾因得不到足够的氧气供应而窒息。

2. 防治方法

应根据不同季节、不同栽培环境、采取不同通风量的办法来解决。在抑制阶段要加大室内通风，让长得高的菇蕾发白。春夏秋冬，雨天要加大室内空气循环量，相对湿度保持 80%~85%，宜采用竖直

往复式升降扇，确保栽培架每一层空气均能充分流动。

（六）出现菌盖相连，菇柄扁平的“连体菇”

1. 原因

菇房内换气不充分，以及菌丝未达到生理成熟，培养基过干、菌种老化等原因均会导致“连体菇”的产生。

2. 防治方法

以简易二氧化碳测定仪监测基房内子实体不同发育阶段二氧化碳的含量；子实体发育过程中光强应低于200勒克斯，每日受光2小时，分数次进行。

（七）菇蕾粗细不一

1. 原因

幼蕾抑制失败。

2. 防治方法

在催蕾过程中要经常疏蕾，将特别粗壮的菇蕾拔弃。

（八）“水菇”

1. 原因

菇房内空气相对湿度较高。

2. 防治方法

尽可能地降低菇房内的空气相对湿度。用竖直往复或升降风扇或180°转头电风扇吹，强制对流。调整好进排气量的比例，补进的新鲜空气应预冷排湿。采收前两天要加大空气对流量。

（九）菇蕾发育过程易开伞

1. 原因

菌袋质量。若菌丝稀拉，装料不紧，即使出菇，也易开伞。栽培管理过程中温度、湿度、氧气、光照不协调。

2. 防治方法

菌袋培养过程中要加强空气循环，防止发菌阶段产生的热量无法散发，同时检查培养料含水量是否低于50%或高于70%，并检查菌袋灭菌是否彻底，三级种是否受到隐性污染。后两种可将三级种和未接种的栽培袋在无菌条件下回接入 PDA 培养基内，观察是否出现污染。

（十）杂菌污染

1. 原因

菇房周围及栽培场地、栽培架等没有消毒或消毒不彻底。

2. 防治方法

（1）菇房要认真消毒：消毒方法有两种：一是用福尔马林熏蒸，即每立方米空间用 10 毫升福尔马林与 5 克高锰酸钾混合熏蒸，密闭 4 小时，能达到消毒目的。二是用硫酸铜溶液喷洒，将硫酸铜配成 5%的溶液。对菇房内外，栽培床架等物要全面喷洒。

（2）菇架的消毒：如果菇架是用松木做的，易发生绿色木毒，要用硫酸铜溶液消毒。为了预防曲毒、青毒等杂菌，要用高效漂白粉进行彻底消毒，稀释浓度为 100 倍，静止 1～3 小时，取其上清液全面喷洒即可。

（3）消除污染物：对被杂菌污染的瓶、袋要及时拿出室外或远离栽培处。否则杂菌孢子会扩散到整个菇房或场地。

（4）化学防治：一旦菌害发生，可采取在水中加入漂白粉、土霉素等，将病原菌消除。不可在菇体上喷洒对人体有害的农药。

第十一章　杏鲍菇

第一节　杏鲍菇生物学特性

杏鲍菇又叫刺芹侧耳，与平菇属于同一类型。它具有菌肉肥厚，菌盖及菌柄脆嫩等特点。味道鲜美，有愉快的杏仁香味。人们又称它为“平菇王”。

一、杏鲍菇的形态特征

在自然界中，杏鲍菇的子实体多为单生或群生，在人工栽培的情况下，杏鲍菇多为单生的。其菌盖宽2~12厘米，初呈弓圆形。随着子实体的成熟，逐渐平展。成熟时中央浅凹呈漏斗型，圆形式扇形，表面有丝状光泽、平滑。幼时淡灰黑色，成熟后浅黄白色，菌肉白，有杏仁香味，菌柄一般（2~8）厘米×（0.5~3）厘米，偏心生至侧生，棍棒状至球茎状，表面光滑，近白色或浅黄白色，中实，肉质纤维状，没有菌环或菌幕，见下图。

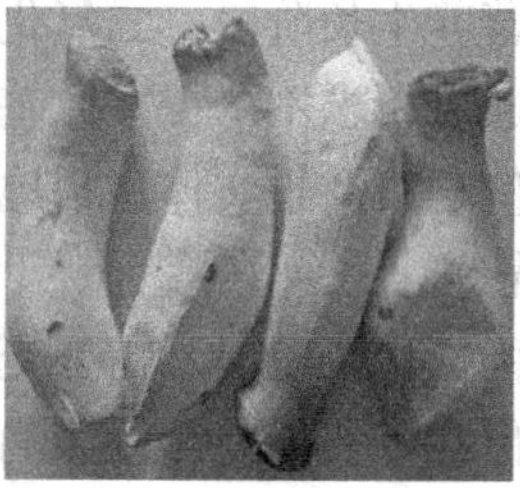

图　杏鲍菇

二、杏鲍菇对环境的要求

（一）营养

杏鲍菇是一种分解纤维素、木质素能力比较强的食用菌。在其培养基中需较丰富的碳素营养及氮素营养，氮源较丰富，菌丝生长较健壮，产量也能提高。一些辅助材料如麦麸、玉米粉、细米糠等，可以促进菌丝蔓延，增加菇蕾的发生量。

如果添加一定量的蛋白质、酵母膏或麦芽汁等可以加快菌丝生长。若以麦秸为主要原料，添加5%~10%的棉仁饼粉，会使菇体增大，提高产量。

（二）温度

菌丝生长的适宜温度为25℃左右，菌蕾在10~18℃的温度范围内均可以形成，适宜的温度范围是12~15℃。如果低于8℃，就很难形成子实体。子实体在10~21℃范围内都可以正常生长，有些菌株不耐高温，不能高于18℃。

（三）水分及空气相对湿度

在菌丝生长阶段培养料的含水量以60%~65%为好，这时的空气相对温度也在60%左右。栽培料中的含水量在65%~70%，则更适合子实体的发生和生长。在这个阶段，其空气相对湿度一般保持在85%~95%。

（四）空气

在菌丝营养生长阶段，二氧化碳对菌丝生长有促进作用。在菌丝生长阶段对通风要求不严，在原基形成及子实体生长阶段需要较多的氧气，才能使菇蕾及子实体正常地生长。

（五）光线

杏鲍菇菌丝生长阶段不需要光线。因为在黑暗条件下，菌丝生长速度更快。但在子实体发生及发育阶段需要散射光。如果光线过强，菌丝会变黑；如果光线太暗，又会造成菌盖颜色变白，菌柄更长。

（六）杏鲍菇对酸碱度的要求

杏鲍菇菌丝生长阶段对酸碱度的要求范围为 pH 值为 4~8，最合适的 pH 值为 6.5~7.5。在子实体生长阶段，适宜的 pH 值范围为 5.5~6.5。如果 pH 值低于 4 或高于 8，则子实体难于形成。

第二节 杏鲍菇菌种制作

一、杏鲍菇母种

母种培养基配方如下。

（1）马铃薯 200 克、白糖 20 克、琼脂 20 克、磷酸二氢钾 2 克、水 1 000 毫升，pH 值自然。

（2）马铃薯 200 克、葡萄糖粉 20 克、磷酸二氢钾 3 克、硫酸镁 1.5 克、维生素 B_1 10 克、蛋白胨 5 克、琼脂 20 克、水 1 000 毫升。

在马铃薯、葡萄糖、琼脂培养基斜面上，杏鲍菇菌丝生长洁白、呈棉絮状、密度一致、前沿菌丝（先端）整齐、粗壮。

二、杏鲍菇原种培养基配方（%）

（1）麦粒培养小麦 98、碳酸钙 2。

（2）棉籽壳 78、麸皮 20、蔗糖 1、石膏粉 1。

三、栽培种

栽培种培养基配方（%）

（1）棉籽壳培养基配方：棉籽壳 78、麸皮 20、蔗糖 1、石膏粉 1。

（2）木屑培养基：阔叶树杂木屑 78、麸皮 20、蔗糖 1、石膏粉 1。

杏鲍菇的母种、原种及栽培种均为接种后在 25℃左右下培养，至菌丝走满即可。

第三节 杏鲍菇栽培技术

一、栽培季节的选择

栽培季节的选择主要是要考虑到杏鲍菇的出菇温度。一要选择适合杏鲍菇出菇的气温。一般为春初，秋末冬初的季节出菇。杏鲍菇出菇适宜的温度一般为10~15℃。

二、杏鲍菇栽培袋的制作

（一）常用杏鲍菇栽培养料配制（%）

（1）棉籽壳38、木屑35、麦麸20、玉米粉5、糖1、碳酸钙1。

（2）木屑72、麦麸25、糖1、石灰1、碳酸钙1。

（3）木屑15、棉籽壳70、麸皮15。

（4）棉籽壳85、麸皮13、糖1、石膏粉1。

所有的原料要求新鲜，无霉变，在使用前最好可以暴晒1~2天更好。

（二）菌袋制做

按照配方把各个原料称好，混合均匀，加水搅拌，要把含水量控制在60%~65%，栽培鲍菇的塑料袋可以用（15~17）厘米×35厘米的聚丙烯塑料袋或低压高密度聚乙烯袋，也可以用12厘米×28厘米的小袋。两头用绳扎紧，按照常规方法灭菌。灭菌后按种，接种后就进入了菌袋培养阶段。

（三）菌袋培养管理

在菌袋培养阶段，要保持在培养环境中光线很弱，空气相对温度保持在60%~65%，温度保持在20~25℃。同时，培养室经常通风换气。在正常情况下，经过30~40天，菌丝就可以发满袋了。接着就进入出菇管理阶段。

（四）出菇管理

（1）刺激原基的形成：松口后加大通风量，增加通风和拉开温差及湿度差，以刺激原基的形成。保持温度不能低于12℃，最好也不要超过18℃，保持空气相对湿度在90%左右。

（2）在整个出菇阶段，要保持温度在12～18℃。在原基形成阶段，菇棚内的空气相对湿度应保持在85%～95%。

在子实体原基形成阶段，以保湿为主。随着子实体的不断增大，也要逐渐地加大通风量，以保证棚内空气新鲜。出菇空间光线在500～1 000勒克斯为宜，气温升高时要注意不要让光线直接照射。

（五）杏鲍菇的采收

杏鲍菇生长一段时间后，当菇盖平展，颜色变浅，孢子还没有弹射时，就可以采收了。或者按照客户的要求来采收。适当地提前采收，杏鲍菇的风味好，而且保鲜时间较长。在采收前的2～3天，把空气相对温度控制在85%左右更好。

在采收完以后，要及时地清除料面，去掉菇根，及时的补水。再培养15天左右，又可以生长出第二潮菇了。

第十二章　猴头菇

第一节　猴头菇生物学特性

一、形态特征

猴头新鲜时白色或微带淡黄，干燥时淡黄色或黄揭色，一般直径5~20厘米，相当于一个拳头大小。猴头子实体肉质，不分枝，外形头状或倒卵形，基部着生处较窄，上部膨大。外布有针形肉质菌刺，刺直伸而发达，下垂毛发，刺长1~5厘米，直径1~2厘米，猴头的子实体，面被复刺，下垂，长圆筒形，下端尖锐长1~3厘米，粗1~2毫米，初白色，后黄褐色。整个子实体形状像猴子脑袋，颜色像猴子的毛，故取名“猴头”，见下图。

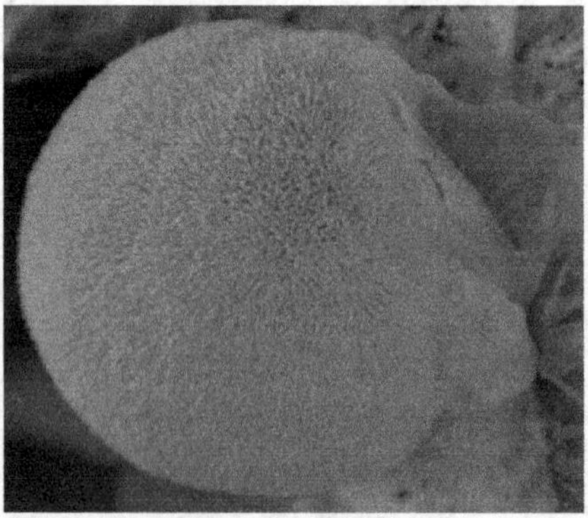

图　猴头菇

二、猴头菌对生活条件的要求

(一) 营养

猴头菌是一种木腐菌。目前棉籽壳、甘蔗渣、锯木屑、稻麦秆、酒糟、棉花秆等，已被用作碳素营养的来源。猴头菌的氮源来自蛋白质等有机氮化物的分解。锯木屑、棉秆、甘蔗渣等蛋白质含量较低，必须添加含氮量较高的麸皮、米糠等物质。在猴头菌营养生长阶段碳氮比 25∶1，在生殖生长阶段碳氮比（35~45）∶1 为宜。

(二) 温度

猴头菌属低温型真菌。但适应范围较广，菌丝正常生长的温度为 10~34℃，最适生长温度为 20~26℃。子实体属低温结实型和恒温结实型，最适温度为 16~20℃。菌丝体在 0~4℃温度下保存半年仍能生长旺盛。

(三) 水分与湿度

菌丝体和子实体生长要求培养料的含水量为 60%~70%；子实体生长发育的最适空气相对湿度一般为 85%~90%。在这种条件下，子实体生长迅速，颜色洁白；如相对湿度低于 60%，子实体很快干缩，颜色变黄，生长停止；如相对湿度长期高于 95%以上，会出长刺，很易形成畸形的子实体，产量低。

(四) 空气

猴头菌是一种好气性真菌。菌丝体生长阶段对空气的要求并不严格；子实体生长阶段要特别加强通风换气，空气中二氧化碳含量以不超过 0.1%为宜。

(五) 光照

菌丝体可以在黑暗中正常生长，不需要光线。子实体需要有散射光才能形成和生长。在栽培上必须注意控制光照条件，避免阳光直射。

(六) 酸碱度

猴头菌是喜偏酸性菌，最适 pH 值为 4~5。

第二节 猴头菇栽培技术

一、栽培季节的选择

猴头菇属中温发菌，低温变结实型的菌类，猴头菇菌丝的适宜生长温度（25±2）℃，子实体的适宜生长温度12~18℃，高于20℃子实体生长不良，低于10℃时子实体生长缓慢。从投料到结束需100天左右，其中菌丝体培养需25天左右。

二、菌袋制做

（一）常用的配方（%）

（1）木屑78、米糠或麦麸20、白糖和石膏各1。

（2）玉米芯80、麦麸18和白糖各1。

（3）甘蔗渣77、米糠或麦麸20、黄豆粉1、蔗糖1、石膏粉1。

（4）棉籽壳90、石膏和白糖各1。

配方的含水量60%左右，灭菌前pH值6为适。

（二）拌料

根据配方按比例混合培养料，拌透拌匀，含水量控制在65%左右。简单测试方法：手捏培养料手指间有水珠几滴，说明含水量已达要求。

（三）菌袋制做

1. 装袋灭菌

将配好的培养料装入规格为长27~35厘米，宽14~15厘米的塑料袋内。装料时边装边用手压紧，使料上下一致，稍坚实（袋料用手压后不能有凹陷），袋口用棉线扎紧袋。装料必须在6小时内完成。灭菌冷却后迅速将袋移入无菌箱或无菌室进行接种。

2. 接种

一般在接种室或接种箱中进行，接种环境要求清洁、干燥，并进行消毒处理，所使用的菌种要求符合质量标准。当料温冷却到 28℃以下后，接种箱或无菌室内接种。

三、培菌管理

接种后的猴头菌袋转入培菌管理。

培养室的温度控制在 22～25℃菌丝活力强，不会提早形成子实体。温度高于 28℃，菌丝长好后容易退化，温度低于 20℃，菌丝未长满就会形成子实体。空气相对湿度控制在 60%～70%。用草帘、遮阳网遮光，使发菌室基本黑暗（50～60 勒克斯光照度）。勤捡杂菌，以减少重复感染。

四、出菇管理

摆放时菌墙间要留有 70 厘米左右宽的走道。温度在 10～25℃都可形成原基，最佳 12～18℃。原基形成应保持菇房空气湿度 90%，实体生长阶段，要保持空间湿度 85%～90%。猴头菇是好气性菌类，持菇房空气新鲜，无闷气感，门窗每天开启 4～8 小时。猴头菇子实体虽然能在黑暗条件下形成，但常会出现畸形菇。要求较好的散光（100 勒克斯）。

五、采收及采收后的管理

猴头菇在子实体 7～8 成熟就应该采收。采收方法是用割刀从子实体基部切下。采摘时要轻拿轻放，采收后 2 小时内应送厂加工，以防发热变质。采割时，菌脚不宜留得过长，太长易于感染杂菌，而且也影响第二茬猴头菌的生长，也要损伤菌料。

采收标准：子实体球体基本长足、坚实，未弹射孢子，菇体白色，菌刺 1～1.5 厘米长即可采收。过晚采收，则肉质松、苦味重，不利加工，而且影响下一批菇的形成。。

采收后应将留于基部的残留物去掉，然后停水养菌偏干管理 3～5 天，7～10 天原基又开始形成，此时又可进行出菇管理。

第十三章 大球盖菇

大球盖菇的最大特点是可以充分利用禾谷类农作物的秸秆，并可生料栽培，节约能源，工艺简单。

第一节 大球盖菇生物学特性

一、形态特征

子实体单生、丛生或群生。菌盖近半球形，后扁平，直径5~25厘米，肉质，湿润时表面稍有黏液。幼嫩子实体初为白色，并常有乳头状小突起，随子实体逐渐生长发育，菌盖渐变为红褐色至葡萄酒红色。在较干燥的环境条件下，子实体是褐色或锈褐色。菌盖初有鳞片后随子实体的发育而逐渐消失。菌肉厚，色白，菌褶初污白色，后渐变为灰白色。柄长5~20厘米，粗0.5~6厘米，有菌环，见下图。

图 大球盖菇

二、生长条件

大球盖菇对营养的要求以碳水化合物和含氮物质为主。碳源有葡萄糖、蔗糖、纤维素、木质素等，氮源有氨基酸、蛋白胨等。此外，还需要微量的无机盐类。实际栽培结果表明，稻草、麦秆、木屑等可作为培养料，能满足大球盖菇生长所需要的碳源。栽培其他蘑菇所采用的粪草料以及棉籽壳反而不是很适合作为大球盖菇的培养基。麸皮、米糠可作为大球盖菇氮素营养来源，不仅补充了氮素营养和维生素，也是早期辅助的碳素营养源。菌丝生长适宜温度24~28℃，子实体形成和发育适宜温度为12~25℃。菌丝生长以培养料含水量70%~75%为最适。子实体生长阶段以大气相对湿度85%~95%为宜。菌丝体生长不需要光线，但散射光利于子实体的形成和生长，在适宜的光强下，子实体色泽亮丽而健壮。菌丝生长阶段对通风要求不多，但出菇阶段，要通风良好，以排出大球盖菇呼吸产生的二氧化碳和代谢产生的其他可挥发物质，出菇期间二氧化碳浓度要低于1 000毫克/千克。大球盖菇生长的适宜pH值为5~7。菌丝体生长不需要土，但土壤中的微生物能促进子实体的形成，利于子实体的生长。因此栽培中需要覆土。覆土材料以草碳土或高腐殖质含量的土为好。

第二节　大球盖菇栽培技术

一、场地与栽培季节的选择

季栽培于气温30℃以下接种，春季栽培于气温8℃以上接种。

栽培场地应选择温暖、避风、向阳，而又有部分遮阴的场所，半荫蔽的地方更适合大球盖菇生长。

二、培养料配制

多种农作物秸秆均可利用，如麦秸、玉米芯、玉米秆、豆秸、等，但必须洁净，新鲜无霉变（只可使用当年新鲜料）。

当年新鲜料可收鲜菇 10~12.5 千克，而陈料只可收 2.5~5 千克，发霉变质料只可收 0.5~2.5 千克。

稻草或麦秸和稻壳都等原料必须浸水，吸足水分，一般需连续喷水 7 天左右（一天一次），以使含水量达到 70%~75%（拿出一小把稻草或麦秸拧出 2~3 滴水为宜）。

场地可用敌百虫、马拉硫磷等灭虫，以防蚯蚓为害，然后在场地上撒一薄层石灰消毒。

三、建堆播种

每平方米用干草 20 千克左右，干稻壳 2.5~5 千克，以弧形建堆，堆长不限，堆宽 70~80 厘米最为适宜，堆与堆之间 40 厘米，每平方米用菌种 700~800 克。点播菌种，菌种以鸽子蛋大小为宜。撒在草的表层，把湿好的稻壳均撒在上面，然后需覆土 2~3 厘米，覆土后，要喷细水一次。

四、培菌

发菌期堆温以 22~28℃为适宜，最好控制在 25℃左右，堆温不超过 30℃。大气相对湿度 85%~90%为宜。培养料的含水量达到为 70%~75%。播种后的 20 天之内，一般不直接喷水于菇床上，平时补水只是喷洒在覆盖物上，不要使多余的水流入料内。注意通风换气，空气中相对湿度因保持在 85%~90%。发菌期 45 天后料中的菌丝即可长入土层。

五、覆土

（一）覆土的选择

覆土材料要求肥沃、疏松，能够持（吸）水。腐殖土具有保护性质，有团粒结构，适合作覆土材料。实际栽培中多就地取材，选用质地疏松的田园壤土。

（二）覆土方法

把预先准备好的壤土铺洒在菌床上，厚度2~4厘米，最多不要超过5厘米，每平方米菌床约需0.05立方米土。覆土后必须调整覆土层湿度，要求土壤的持水率达36%~37%。覆土后2~3天就能见到菌丝爬上覆土层，喷水量要根据场地的干湿程度、天气的情况灵活掌握。

六、出菇期管理

一般覆土后15~20天就可出菇。此阶段的管理是大球盖菇栽培的又一关键时期，主要工作的重点是保湿及加强通风透气出菇适宜温度为12~25℃，低于4℃或超过30℃均不长菇。大球盖菇出菇阶段空间的适宜相对湿度为90%~95%。

第十四章　银丝草菇

第一节　银丝草菇生物学特性

一、形态特征

子实体多丛生，一般 3~5 个成丛，多的一丛达 20~30 个。子实体开伞前长椭圆形或棒槌形，开伞后，菌盖突出外菌幕。菌肉白色较薄。菌褶离生，密集，不等长。菌柄白色，中生，纤维质，内实，表面光滑，圆柱形，基部有大而厚的杯形菌托。菌丝无色透明，在 PDA 培养基上生长稀疏。在添加蛋白胨或酵母膏等富含氮源的培养基上生长较好，菌丝浓密、透明，呈淡黄色。菌丝生长后期会产生大量红褐色厚垣孢子。菌丝在琼脂斜面上可以形成菇蕾，并长成正常子实体，见下图。

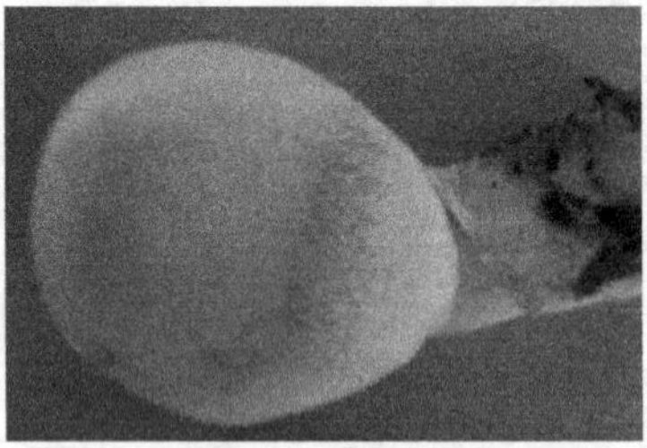

图　银丝草菇

分布河北、江苏、云南等地及日本、欧洲、南美洲。夏秋季于阔叶树腐木上。

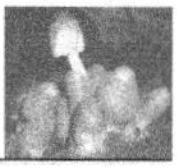

二、对环境条件的要求

银丝草菇属木腐性真菌，但也能在稻草、棉籽壳或其混合物培养基上良好生长，因此人工栽培时常用上述原料配培养基。银丝草菇属中温型菌类，菌丝生长时耐热性较强。实验表明，银丝草菇菌丝生长温度范围是15~35℃（40℃时菌丝大部分萎缩死亡），最适温度为22~28℃；生产中子实体生长温度范围为12~28℃，最适温度为15~20℃。培养基含水量以60%为宜。出菇期要求环境湿度80%~85%，湿度过低，出菇量少，菇蕾易死亡。银丝草菇菌丝生长期不需要光，但不同光谱对银丝草菇菌丝生长势及原基形成有不同影响，蓝光和绿光对原基形成有明显的促进作用。出菇期应绝对避免直射光照射，以免培养料蛮干或菇蕾死亡。银丝草菇菌丝生长旺盛，生长速度快，所以发菌及出菇期都必须有充足的氧气供应。银丝草菇的菌丝体和子实体在生产实践中堆料发酵后pH值以7.0~7.2为宜。

第二节　银丝草菇栽培技术

银丝草菇可采用熟料袋栽或发酵料床栽，其中熟料栽培产量较高，生物学效率可达40%~60%，发酵料栽培生物学效率在40%左右。

一、生产季节

银丝草菇菌丝生长对温度的适应范围较宽，由于其出菇温度较草菇偏低，15~30℃均可出菇。

二、畦床栽培技术

(一) 栽培材料

稻草棉籽壳混合培养基栽培银丝草菇较好。组成是：稻草30千克（用3%~5%的石灰水浸泡12~24小时），棉籽壳60千克，麦麸5

千克，草木灰4千克，石膏粉1千克，料水比1：(1.3~1.4)。

（二）培养料处理

稻草浸泡后，捞出淋去多余水分，将其他培养料加入并搅拌均匀，然后建堆发酵。建好后在堆上扎2~3排直径3~4厘米的孔洞，通气孔要求深达料底。最后覆盖保湿。一般第2天料温开始上升，当料内温度达到60~70℃，可进行翻堆。当料内温度再次达到60~70℃依法翻堆，第三次翻时应将料堆适当收缩，建成梯形堆，保持料温50~52℃，保持一天将料堆推开，使发酵过程中产生的废气散出，料温降至30℃以下开始播种。

（三）播种与培菌管理

铺料厚度8~10厘米，沿料四周撒一条宽20厘米的菌种带，再铺8~10厘米厚的培养料，接种方法同上，最后再铺5厘米厚培养料，将菌种均匀撒于料面，压实后覆盖薄膜保温保湿。料堆上搭建遮阴棚或覆盖草帘，防止阳光直射。保持料温22~28℃，隔日掀开薄膜四周通风1~2小时，18~20天后菌丝发满菌床，开始形成原基。

（四）出菇管理

原基形成时，揭去薄膜，用经3%~5%石灰水浸泡后的稻草覆盖菇床，这样既保证了菇蕾周围有充足的氧气，又保持了小环境的空气相对湿度（80%~90%），同时也解决了冷水直接刺激造成菇蕾死亡的问题，利于大部分菇蕾发育成健壮的子实体，产量和质量也有较大提高。

原基形成后温度应控制在15~20℃，5~6天即可采收。这种塑料大棚栽培，棚内温湿度更容易控制，只是应加强通风换气管理。

三、银丝草菇袋式栽培

（一）培养料配方（%）

（1）棉壳90、麦麸8、石膏1、糖1。

（2）稻草39、废棉39、麦麸20、石膏1、硫酸镁1。

（3）甘蔗渣39、棉壳39、麦麸20、石膏1、糖1。

（二）菌袋制做及发菌管理

棉壳在装袋前需预湿处理，稻草要切成长1~2厘米小段，浸泡一夜后使用。塑料袋使用规格为17厘米×33厘米的筒膜袋，袋装灭菌，按常规方法接种。将菌袋置25~28℃下培养，一般25~30天满袋。当袋壁可见淡黄色厚垣孢子堆时，再过几天，在袋表即可见许多零星分散的小原基，这时就可以移入菇房进行覆土出菇管理。

（三）出菇管理

先将菇房环境进行消毒。然后移入菌袋，打开袋口，在料面加盖菜园土，厚2~3厘米，然后将袋口向下翻至与土面平，排在床架上，即可进行喷水管理，保持土壤湿润。在适温下，5~7天有白色小菌蕾露出土面，此时向空中、地面勤喷水，提高空气湿度至85%~95%。从出土到采收需4~6天。一般在外菌幕尚未破或刚破裂时采下。采收时将土中菌柄连同拔出，并补上新土，喷水调湿，以利下批菇发生。

第十五章　白灵菇

白灵菇，又名白阿魏蘑，来自新疆，又叫天山神菇，是一种适应性强、质嫩、味鲜、色泽洁白、营养价值高的珍稀食用菌，投放市场深受欢迎。

野生阿魏菇在春末至夏初专性寄生或腐生于药用植物阿魏的根茎上。我国主要分布于新疆的伊犁、塔城、阿勒泰和木垒等地区。

第一节　白灵菇生物学特性

一、形态特征

子实体丛生或单生，菇盖质地脆嫩，菌褶延长稍密，白色褶纹，条顺直；成熟时菌盖顶呈内卷状，见下图。

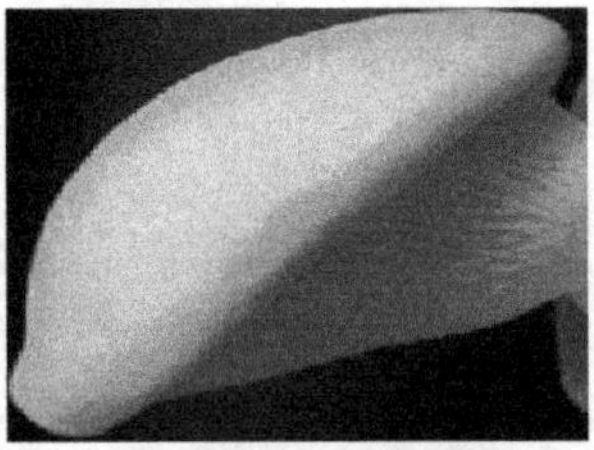

图　白灵菇

白灵菇菌丝较一般侧耳品种更浓密洁白，其菌苔厚而且较有韧性，其生长速度比平菇的略慢，抗杂力强。

二、白灵菇对环境的要求

白灵菇是一种腐生菌，有时也兼有寄生的性质。它属于中温形菇菌类，菌丝体在 3～32℃ 均能生长，能适 24～27℃；出菇温度 3～26℃，以 12～22℃生长最快，质量最好。子实体生育期空气相对湿度 60%就能生长，最佳相对湿度 84%～95%。无论是菌丝和子实体的生长发育均需新鲜的空气，二氧化碳浓度含量超过 0.5%时，易产生畸形菇。菌丝体生长不需光线，子实体生育阶段需散射光，在 200～10 000 勒克斯光照下发育正常。

第二节　白灵菇栽培技术

一、栽培季节选择

白灵菇属于中温型菇类，菌丝生长最适温度为 24～27℃，子实体生长最适温度为 12～22℃。据此选择确定栽培时间。

二、菌袋制作

（一）培养基配方（%）

（1）棉籽壳 40、杂木屑 40、麦皮 10、玉米粉 8。

（2）玉米芯 50、棉籽壳 28、麦麸 12、玉米粉 8。

各配方均要加红糖、石膏各 1，含水量掌握 60%～65%，pH 值 6～7 最佳，温度偏高时可在料中加入 0.5%的石灰以防治培养料酸败。

（二）菌袋制作与培菌管理

棉籽壳、玉米芯要新鲜、干燥，部分陈料一定要在阳光下暴晒。栽培袋采用 15 厘米×32 厘米×0.05 厘米或 17 厘米×34 厘米×0.05 厘米的低压聚乙烯膜薄袋。

常压灭菌上 100℃时保持 16 小时，冷却到 25℃时，在无菌条件下启开扎口或拔棉塞接入白灵菇菌种。发菌培养温度 25～28℃，空气湿度70%以下，经常通风换气。菌袋培育期间防止强光照射。

（三）出菇管理

经30~45天培养菌丝即可长满袋，当料面或侧面出现原基时，把达到生理成熟的栽培袋移到出菇棚内长菇。出菇时温度控制在10~23℃，7天左右出现原基。菌盖长至2厘米时，加大喷水量，加强通气。前期空间喷雾保持80%相对湿度即可，后期控制光线，在微弱光照下菌柄较长、菌盖较小。也可以开袋口后，用经过消毒处理的菜园土在袋内覆土2~3厘米。

（四）采收加工

白灵菇一般从原基出现到子实体成熟8~12天即可采收。采收时，手抓菌柄整朵拔起。采后停止喷水，清理袋口四周和环境。让菌丝生息养菌。5天后继续喷水、控温。一般可收2潮菇。鲜品直接上市或盐渍；也可切片加工烘成干品出口。

第十六章　鲍鱼菇

第一节　鲍鱼菇生物学特性

一、分类与分布

鲍鱼菇别名台湾平菇，隶属于担子菌亚门，层菌纲，伞菌目，侧耳科，侧耳属。原产越南、印度、非洲、中国，鲍鱼菇分布于中国台湾、福建、浙江等省，见下图。

图　鲍鱼菇

二、生长发育所需的环境条件

鲍鱼菇是木腐型菇类，但其分解木材的能力较弱。栽培鲍鱼菇的主要原料有棉籽壳、玉米芯、杂木屑、稻麦草、麸皮、玉米粉等几种，辅料有糖、碳酸钙。鲍鱼菇属中高温菌类，鲍鱼菇菌丝生长的温度范围为10~35℃，菌丝生长的适宜温度为20~32℃，最适25~28℃，子实体生长发育在10~32℃条件下都能出菇，适宜的温度为25~30℃，最适是26~28℃，水分属喜湿菌类，培养料含水量以60%~65%为宜，菌丝培养室的相对温度以60%~70%为宜。出菇阶段相对湿度要求90%~95%。栽培时气温高，水分散失快，配制培养基时含水量以65%~70%为宜，培养室空气相对湿度以60%为宜；出菇房空气相对湿度以90%为宜。菌丝生长对空气要求不高，但子实体分化和生长则需要充足的氧气，空气中 CO_2 浓度高于0.1%，极易形成菌盖小，菌柄长的畸形菇。菌丝阶段不需光，子实体阶段需要一定的散射光。子实体阶段，需要光照，散射光可诱导原基形成和分化。没有光照，子实体不能产生。子实体在200~2 000勒克斯光照下生长正常，光线过暗，易形成畸形菇，过强，特别直射光子实体易干枯。鲍鱼菇喜欢在略偏酸性或中性环境中生活，培养料中最适宜的pH值为6.5~7。

第二节　鲍鱼菇栽培技术

一、培养料配制（%）

棉籽壳92、麸皮8、含水量65。

二、装袋灭菌培养料

充分拌匀后装袋，常压灭菌，100℃蒸汽灭菌8~10小时。

三、接种培养

在接种箱或接种室接种，接种后重新扎好袋口，移至培养室发菌管理。

四、出菇管理

菌丝满袋后即可进入出菇管理。先把袋口打开，清理料面，然后喷水保湿但又不致袋内积水；增加通气透光，经8~10天开始出菇。待第一潮采完后养菌2~3天再增湿管理，二周左右可形成第二潮菇。

第十七章　灰树花

第一节　灰树花生物学特性

一、形态特征

灰树花又名栗蘑，具叶多孔菌、连花菌，粟子蘑，千佛菌，日本叫舞菌。

灰树花的形态特征，子实体肉质，有柄和分枝、端生扇形或匙形，菌盖重叠丛生，直径可达 40~60 厘米，盖直径 2~7 厘米，灰蓝色至灰褐色，菌肉白色厚 1~3 毫米，管孔延长，孔层白色至淡黄色，见下图。

图　灰树花

二、对环境条件的要求

它是腐生型木腐菌，但分解木质素能力较弱，木屑、棉籽皮、稻草、麦秸、玉米轴、豆秸等农业副产品均可栽培，碳源以葡萄糖最好，果糖较差。氮源以有机氮利用为好，不能利用硝态氮。维生素 B_1 为必需物质。菌丝生长温度 6~37℃，最适 21~27℃，42℃死亡。子实体生长温度 15~27℃，最适 18~22℃。原基发生后严防低温，一旦遇到低温致使生长停止，以后即使再恢复到适温，也难以长好。培养料含水量 55%~60%，过高极易吐黄水。但培养料含水量低于 55%时菌丝生长极慢或不生长，导致产量下降或无收。空气相对湿度 85%~95%。好气性真菌，比平菇、香菇要求需氧量大，对 CO_2 极敏感，CO_2 含量需 0.3%以下，二氧化碳过高子实体生长迟缓，甚至不分化。菌丝生长不需要光，但辅以 50 勒克斯光照有利于原基形成，子实体生长阶段需 200~500 勒克斯。光照过弱，易形成畸形菇。pH 值范围 3.5~8，以 pH 值 4.8 为宜，也有的介绍为 6.5。

第二节　灰树花栽培技术

一、制种

母种培养基

（1）PDA+5%麦麸培养基。

（2）棉籽皮 200 克、麦麸 50 克、蛋白胨 4 克、葡萄糖 20 克、硫酸镁 1 克、磷酸二氢钾 3 克、维生素 B_1 2 片、琼脂 20 克。

二、原种、栽培种培养基（%）

（1）棉皮 78、麦麸 20、糖 1、石膏 1、水 60。

（2）木屑 74、麸皮 15、玉米粉 8、石膏 1、普钙 1、蔗糖 1。

以上培养基含水量均 58%~60%，培养温度 25℃左右。

栽培料，可按以上配方10%~20%土壤，或用10%土壤浸出液拌料进行袋熟料栽培。

三、灰树花棚式栽培技术

1. 栽培时间

灰树花属中温型品种，菌丝生长适温25℃左右，原基形成适温20℃左右，子实体生长发育18℃左右。据这三个“适温”安排栽培时间。

2. 菌袋制备

装料时料要上紧上松，整个料体不要太紧。常压灭菌时间一般10~12小时，灭菌后冷却接种培菌。发菌温度以25℃左右为宜，最高不超过28℃。发菌初期可控制在20~23℃，待菌丝伸入料内3厘米后可提高23~25℃。光照度培养前期以10~60勒克斯，后半期可控制在50~100勒克斯。空气湿度以60%~70%为宜。每天通风换气2~3次，但要防止温度剧变。当料面形成较厚的菌被，在菌被上有白色隆状物并逐渐变为灰白色至黑色时，即可转入出菇管理，整个发菌期为35~50天。

3. 出菇管理

温度以20~28℃为宜。空气湿度达85%~90%，光照度100~200勒克斯。当菌片充分分化后，光照度可提高到200~500勒克斯，促使菇体变为灰黑色，以提高商品质量。

4. 采收加工

当子实体八成熟时就要及时采收。

第十八章 榆黄蘑

第一节 榆黄蘑生物学特性

榆黄蘑又叫金顶侧耳、金顶蘑、玉皇蘑等，菌盖鲜黄、油亮，优美喜人。

榆黄蘑为木腐性食用菌，具有较强的分解木质素和纤维素的能力，榆、栎、槐、桐、杨、柳等阔叶木屑，棉秆、棉籽壳、玉米芯、玉米秸、豆秸等农副产品都能满足其对碳源的需求，生产中往往加入玉米粉、麦麸、饼肥等含氮物质，以提供给榆黄蘑生长发育所必需的氮源。一般常在培养料中添加磷肥、磷酸二氢钾等来满足榆黄蘑对矿质元素的需求。榆黄蘑菌丝生长发育的温度范围为5~35℃，以20~30℃为宜。子实体分化的最适温度是18~25℃。菌丝生长期，培养料的含水量以60%~65%为宜，培养室空气相对湿度65%左右。子实体发育期间则要求菇棚内的相对湿度为90%~95%。榆黄蘑是好氧菌类，菌丝发育期需要一定的氧气供给才能生长良好，子实体生长发育期更需要充足的新鲜空气。菇房中二氧化碳浓度过高易造成菇体畸形，影响品质和产量。榆黄蘑菌丝生长发育不需要光照，子实体分化和发育需要一定的散射光。榆黄蘑菌丝体在pH值5~8均能生长，以pH值6~7为宜，见下页图。

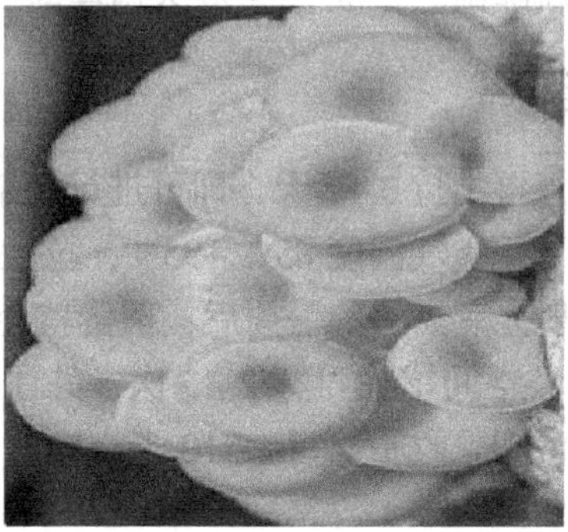

图　榆黄蘑

第二节　榆黄蘑栽培技术

一、常用配方

棉籽壳100千克、石灰2千克，料水比1：（1.3~1.5）。

二、菌袋制作

1. 建堆发酵

待堆内20厘米处温度升至65℃左右时，维持12小时翻堆。第一次翻堆后，待料温再升到60℃以上时维持1~2天，再翻堆，前后共翻3~4次。

2. 装袋接种

摊开料堆，调培养料pH值为7~8，即可装袋接种，方法与平菇等相同。

三、发菌管理

发菌场所温度不要超过25℃，空气相对湿度以60%~70%为好，同时要注意遮光及通风换气。棚温要控制在28℃以下，超过28℃要注意散堆降温或通风降温。一般25~30天菌丝即可长满全袋。

四、出菇管理

菌丝长满袋后，再维持3~7天，即可进行出菇管理。菇房（棚）温度保持在15~20℃，空气湿度85%~95%，拉大温差，注意通风换气并给予一定的散射光刺激，约一周后，菌蕾就会大量出现。出菇期间往栽培场所地面、空间增加喷雾2~3次，并注意通风，保持空气新鲜，榆黄蘑从现蕾到采收一般需8~10天。

五、采收

子实体菌盖边缘至最大平展或呈小波浪状时即可采收。采收前1天停止喷水。采收时一手摁住料面，另一手将子实体拧下，或用刀将子实体于菌柄基部切下即可。墙式栽培，管理得当，可收4~6潮菇，一般生物学效率100%左右。

第十九章 滑子菇

第一节 滑子菇生物学特性

一、形态特征

滑子菇又名滑菇、珍珠菇，光帽鳞伞，日本叫纳美菇。属于真菌门、担子菌亚门、担子菌纲、伞菌目、丝膜菌科、磷伞属。原产于日本，因它的表面附有一层黏液食用时滑润可口而得名。滑子菇属低温型食用菌，滑子菇子实体多数为丛生、密生或簇生。子实体由菌盖、菌褶、菌柄组成，见下图。

图 滑子菇

二、滑子菇生长发育对环境条件的要求

滑子菇属木腐菌，在自然界中多生长在阔叶树上，尤其是壳斗科的伐根、倒木上。人工栽培滑子菇以木屑、玉米芯、米糠、麦麸等富含木质素、纤维素、半纤维素、蛋白质的农副产品为人工栽培的培养料。滑子菇菌丝在5~32℃均可生长，最适温度为15~20℃。子实体

在10~18℃都能生长；高于20℃，子实体菌盖薄，菌柄细，开伞早，低于5℃，生长缓慢，基本不生长。滑子菇栽培不需要直射光，但必须有足够的散射光。菌丝在黑暗环境中能正常生长，但光线对已生理成熟的滑子菇菌丝有诱导出菇的作用。出菇阶段需给予一定的散射光。菌丝培养料含水量以6%~65%为宜，空气相对湿度60%左右。子实体形成阶段培养料含水量以70%~75%为宜，空气相对湿度要求保持在85%~95%，这是出菇高产的关键。滑子菇也是好氧性菌类，菌丝生长和子实体生长都需要有足够的氧气。出菇阶段需新鲜空气，环境中如二氧化碳浓度超过1%，子实体菌盖小、菌柄细、早开伞。滑子菇菌丝生长需要酸碱度pH值5~6。

第二节　滑子菇栽培技术

一、生产时间

滑子菇属低温变温结实型菌类，我国北方一般采用春种秋出的正季栽培模式，栽培时宜全熟料栽培，最佳播种期为2月下旬至3月下旬，秋季8—10月出菇管理。反季滑子菇栽培的播种期为11月下旬至12月下旬，来年4—11月出菇管理。

二、菌种选择

菌种从外观看菌丝洁白、绒毛状，生长致密、均匀、健壮；菌龄在30~45天，不老化、不萎缩、手掰成块，无积水现象。

三、栽培技术

（一）配料

栽培料配方（%）

（1）木屑80、麦麸18、石膏1。

（2）木屑84、麦麸或米糠12、玉米粉2.5、石膏1、石灰0.5，

pH 值 6.0~6.5，含水量 60%~65%。

严禁在培养料中添加多菌灵、克霉灵等杀菌药物及添加对食用菌产品有影响的微量营养元素。

（二）菌袋制做

按照选用的配方，准确称量各种原料并筛选，搅拌均匀后堆闷 2 小时，含水量达控制 55%~60%。装袋灭菌冷却接种。

（三）发菌管理

袋温控制在 10~15℃，空气相对湿度应控制在 60%~70%，注意通风换气，保持室内空气新鲜，暗光发菌，注意检查翻垛并处理污染。根据菌丝生长情况进行刺孔增氧，整个发菌期通常采取二次刺孔。当菌袋发满由白逐渐变成浅黄色的菌膜，这表明已达到生理成熟，进入转色后熟阶段。7—8 月高温季节来临，滑子菇一般已形成一层黄褐色蜡质层，菌棒富有弹性，对不良环境抵抗能力增强，但如温度超过 30℃以上，菌棒内菌丝会由于受高温及氧气供应不足而生长受抑或死亡。因此，此阶段应加强遮光，昼夜通风，降温防虫。

（四）出菇管理

8 月中旬气温稳定在 20℃左右，菌丝已长满整个培养袋并逐渐转为浅黄色，已达到生理成熟可进行出菇管理。喷水使菌袋含水量达到 70%~75%，棚内空气湿度达 85%~90%，15~20 天可出现菇蕾。出菇后要减少喷水次数，以做到少喷水为原则，调节相对空气湿度 80%~85%，另外要加强棚内通风，以满足子实体的生长需要。出菇要求在开袋前用石灰对棚内地面和棚架进行消毒，棚外安装防虫网，棚内安装黑光灯、黄板等，并经常通风，防止病虫害的发生，严禁使用任何农药。

四、采收

当菇体成熟时（根据收购标准定）停水及时采收，采收应以不留菇柄在培养料上，不伤菇袋为宜，采完头茬菇后，停水 2~3 天，使菇棒上的菌丝恢复、积累养分，使菇袋含水量达到 70%，空气相对湿度达85%，加强通风，拉大温差，促使二潮菇形成。

五、滑子菇常见病虫害防治

常见病害主要有木霉、青霉、根霉、红曲霉、胡桃肉状菌等霉菌。常见害虫主要有菇蝇和菇蚊等。

第二十章　羊肚菌

羊肚菌俗称羊肚菜、羊肚蘑。因其菇盖表面凹凸不平，形态酷似羊肚（胃）而得名。分析表明，羊肚菌富含人体必需的8种氨基酸及维生素类。特别值得一提的是羊肚菌含有C-3-氨基-L-脯氨酸、氨基异丁酸和2，4-二氨基异丁酸等稀有氨基酸，因而具有其独特风味，是世界上最著名的珍贵食药用菌之一。羊肚菌具有抗辐射、抗肿瘤、抗氧化、抗疲劳、降血脂、降血压和调节免疫力的功效。羊肚菌性甘味平，无毒益肠胃、助消化，祛痰理气补肾补脑，壮阳、提神。对脾胃虚弱、消化不良、痰多气短、头晕失眠有良好的治疗作用，促进男性的生理机能。

第一节　羊肚菌生物学特性

一、分类学地位

属于子囊菌门盘菌纲目羊肚菌科羊肚菌属。全世界有60多种，中国就有30多种，几乎分布于全国各地。

二、形态特征

羊肚菌由羊肚状的可孕头状体菌盖和一个不孕的菌柄组成。菌盖表面有网状棱的子实层，边缘与菌柄相连。菌柄圆筒状、中空，表面平滑或有凹槽。菌盖近球形、卵形至椭圆形，高4~10厘米，宽3~6厘米，顶端钝圆，表面有似羊肚状的凹坑。凹坑不定形至近圆形，宽4~12毫米，蛋壳色至淡黄褐色，棱纹色较浅，不规则地交叉。柄近圆柱形，近白色，中空，上部平滑，基部膨大并有不规则的浅凹槽，长 5~7 厘米，粗约为菌盖的 2/3，见下图。

图　羊肚菌

三、羊肚菌对环境的要求

羊肚菌属低温高湿型真菌。菌丝生长温度为 2~26℃；菌丝生长最适温度 15~20℃；菌核形成温度为 16~21℃；子实体形成与发育温度为 4.4~16℃，子实体出菇需 4~15℃的昼夜温差刺激。出菇阴棚最适温度在 10~18℃时子实体发生量大。菌丝生长阶段，腐殖质土含水量在 50%~60%，原基形成期（出菇期）腐殖质土含水量在 65%~70%，空气湿度在 85%~90%。微弱的散射光有利于子实体的生长发育。忌强烈的直射光。土壤 pH 值宜为 6.5~7.5，中性或微碱性有利于羊肚菌生长。羊肚菌常生长在石灰岩或白垩土壤中。在腐殖土、黑或黄色壤土、沙质混合土中均能生长。足够的氧气对羊肚菌的生长发育是必不可少的。

第二节　羊肚菌栽培技术

在室外选择三分阳七分阴或半阴半阳、土质疏松潮湿、排水良好，周围环境清洁的林阴地作为栽培场地，除净杂草，畦或厢宽 80~

100 厘米，作业道宽 30 厘米左右，栽培场地喷遍 1%石灰水杀虫。也可在设施中栽培。

翻地前，每亩用发酵的废菌袋 1 吨左右或发酵牛粪 5 平方米和生物氨基酸肥两袋，生石灰 50～75 千克或草木灰 150 千克，开沟做畦或厢，保持土壤湿度在 20%～28%，最适宜湿度 23%～25%，也就是平时我们所说的含水量 60%～65%菌种使用量 150～200 千克/亩。播后覆土，然后喷洒 1%～3%的磷酸二氢钾溶液，然后覆膜。

播种后一周左右放置外援营养袋，2 000 袋/亩。

保持温度 5～20℃，空气湿度 80%左右，避光发菌。

出菇时最好保持温度在 8～15℃空气湿度 85%～95%，土壤湿度 55%～65%，早晚喷水，防治中午喷水激死羊肚菌。光照 500～1 100 勒克斯。

及时采收，当子囊果不再增大坑棱凹凸分明，子囊果网眼张开，肉质肥厚有弹性，菇香浓郁，即为成熟。应及时采收。

病虫主要是木霉，以预防为主，保持场地环境的清洁卫生。播种前进行场地杀菌、杀虫处理，后期如发生虫害，可在子实体长出前喷除虫菊或 10%石灰水予以杀灭。

第二十一章　常见食用菌病虫害的防治

第一节　食用菌常见病害

一、木霉

俗称绿霉、绿霉菌。学名木霉。原属半知菌，木霉属。该菌对木质素具有极强的分解能力，是食用菌制种和栽培过程中常见的污染性杂菌，可为害培养料及食用菌菌丝和子实体。它与平菇、香菇、双孢菇、草菇、杏鲍菇等食用菌争夺养分，产生毒素，抑制并毒害食用菌菌丝的生长。

（一）发病症状

木霉发生初期菌丝白色至灰白色，浓密，无固定形状，随时间的推移，其菌落自内向外产生分生孢子变为粉状，并呈同心轮状排布。颜色亦由白色变为浅绿色、黄绿色或绿色。极少呈白色。发病轻则迅速向料内蔓延，直至充满培养料，发生霉变，培养料发臭腐烂解体，造成发菌失败。

子实体被木霉侵害后会造成被害组织出现侵蚀状病斑，病斑大小及下凹程度不一，受害组织软化，有褐色渍液产生。发病轻微时，子实体仍可长大，发病较重时。病斑一边扩大。一边产生霉层。被害组织明显溃烂，菇体发育受到影响。木霉侵染严重后，其棉絮状菌丝像经纬网交织一样把子实体缠绕裹住，当菌落出现霉层，并由白变绿时，菇体就完全腐烂（图 21-1）。

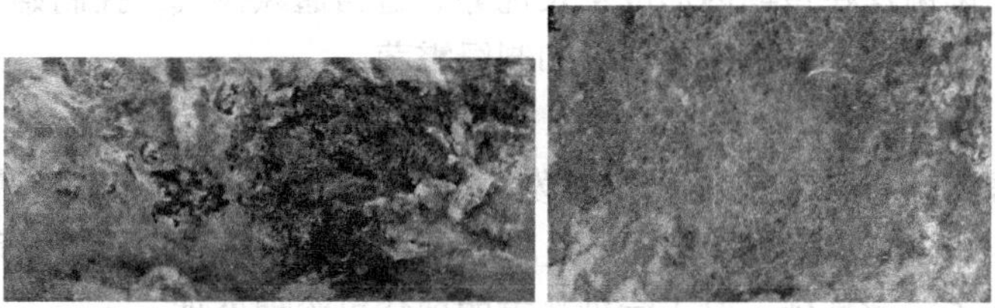

图 21-1　木霉

（二）发病条件

木霉属的各个种平时多以腐生生活方式生活在土壤或有机物质上，形成的分生孢子成熟后随气流传播，也可随昆虫、螨及菇房工作人员和操作工具进行传播。木霉菌不同的种对环境条件的要求不完全相同，其生长适温在22～26℃。高温高湿条件有利于木霉菌的生长。

（三）防治方法

1. 搞好菇房消毒

对菇房及四周要进行彻底消毒，消除各种杂物。用石灰或黄泥抹墙缝，尽可能减少菌源。播种前对菇房及床架喷洒3%～5%的甲醛或石炭酸，喷后密闭门窗24小时。用10%的新鲜石灰水涂刷墙壁、房顶及床架，用来苏尔喷洒地面、房顶，在地面上再撒生石灰粉。

2. 选用优良菌种

选用优质健壮、抗杂能力强、无污染、适龄菌种，并适当加大菌种用量，可有效控制绿霉菌的生长。

3. 选用优质培养料

培养料要新鲜，无污染。生料栽培时，配料内可加入2%左右的石灰、1%的石膏和0.1%～0.15%的克霉灵，可抑制绿霉菌的生长。若培养料不新鲜或有霉变，要进行高温发酵处理后再利用。双孢菇可采用二次发酵处理。

4. 加强栽培管理

生料栽培时，菇房的温度在栽培的初期不宜太高，空气湿度控制在70%左右。加大用种量，一般菌种用量应占干料重的10%～15%，使食用菌菌丝在短期内形成生长优势。适当通风换气，控制菇房环境条件，使之有利于菌丝生长，抑制绿霉菌。

5. 药剂防治

菌床培养料上或菌袋两端发生少量绿霉时，用 0.1%绿霉净或 0.1%~0.2%克霉灵或浓石灰水上清液涂抹或喷洒被害部位，可防止分生孢子扩散蔓延。对于污染严重的菌袋可深埋处理。

二、青霉

青霉菌也称蓝绿霉，是食用菌制种和栽培过程中常见的污染性杂菌，在一定条件下也能引起蘑菇、平菇、凤尾菇、香菇、草菇和金针菇等食用菌子实体致病，是影响食用菌产量和品质的常见病菌。

（一）症状

培养料发生青霉时，初期菌丝呈白色，菌落近圆形至不定形，外观略呈粉末状。生长期菌落边缘常有 1~2 毫米呈白色，扩展较慢。但当分生孢子形成后，青霉菌则是呈现出淡蓝色或绿色的粉层。老菌落表面常交织形成一层膜状物，覆盖在培养料面上，分泌毒素致食用菌菌丝体坏死。制种过程中，如发生严重可致菌种腐败报废；发菌期发生较重，可致局部料面不出菇。

（二）发病条件

病菌分布广泛，多腐生或弱寄生，存在于多种有机物上，主要通过气流传入培养料，进行初次浸染。带菌的原辅料也是生料栽培的重要初浸染来源。浸染后产生的分生孢子借气流、昆虫、人工喷水和管理操作进行再浸染。高温利于发病，28~30℃条件下最易发生，分生孢子 1~2 天即能萌发形成白色菌丝，并迅速产生分生孢子。多数青霉菌喜酸性环境，培养料及覆土呈酸性较易发病。空气相对湿度 90%以上，利于青霉菌丝的生长。

（三）防治方法

（1）认真做好接种室、培养室及生产场所的消毒灭菌工作，保持环境清洁卫生，加强通风换气，防止病害蔓延。

(2) 调节培养料适当的酸碱度：在拌料时加1%~3%的生石灰或喷2%的石灰水可抑制杂菌生长。采菇后喷洒石灰水，刺激食用菌菌丝生长，抑制青霉菌发生。

(3) 控制室温在20~22℃：及时通风，保持环境干燥干燥，抑制青霉菌繁衍。

(4) 及时清挖采后留下的老菇根及衰亡的小菇蕾。

三、链孢霉

又叫脉孢霉、串珠霉、红色面包霉、红粉霉等。链孢霉主要发生在菌种和蒸煮熟的培养料中，生料上很少发生。该菌广泛分布于自然界土壤中和禾本科植物上，分生孢子在空气中到处飘浮。

(一) 症状

该菌在熟料栽培时发生严重，一般是接种次日或隔日后，病原菌丝便从种块周围或菌种容器的破裂处蔓延伸长，外观稀疏可辨，类似草菇菌丝状。然后菌丝的一头向培养基内深入，另一头则反方向朝容器外气生而出。分生孢子团常常不待其菌丝长满培养基，便及早形成。一般来说，只要食用菌菌丝向下吃料达数厘米深之后，该菌就不会发生，但熟料栽培容器有破裂或空隙过大等除外。菌种一旦受该菌为害应立即作报废处理。以棉塞作菌种封口材料时棉塞受潮以后感染率极高，是该菌蔓延的重要原因之一。

(二) 发病条件

1. 温度

在25~30℃，6小时内即可萌发成菌丝，31~40℃时，48小时后即能形成橘红色分生孢子团，2天就完成一个世代。20℃以下，菌丝生长减缓，9℃以下分生孢子几乎不萌发，菌丝生长停止。熟料栽培时把温度控制在25℃以下，可降低链孢霉的发生概率。

2. 水分

培养料含水量在53%~67%，菌丝生长迅速；40%以下或80%以上，菌丝生长受阻。菌丝生长和分生孢子形成不受空气湿度的影响，但潮湿的环境有助于该菌的发生。

3. 氧气

在供氧气充足的条件下，分生孢子形成迅速；在缺氧的条件下，菌丝不能生长或生长后逐渐停止，分生孢子不形成，只产生橘红色菌皮，到后期糜烂死亡。

4. 酸碱度

当培养料的 pH 值在 5~7.5 生长良好，pH 值在 5 以下时，菌丝生长受阻或不能形成分生孢子，pH 值在 8 以上菌丝生长细弱或停止。

（三）为害

脉孢霉主要经分生孢子传播为害，是高温季节发生的最重要的杂菌。脉孢霉的分生孢子萌发后形成基内菌丝和气生菌丝，基内菌丝（营养菌丝）的长速极快，特别是气生菌丝（也叫产孢菌丝）顽强有力，它能穿出菌种的封口材料，挤破菌种袋，形成数量极大的分生孢子团，有当日“生根”（萌发），隔日“结果”（产孢），高速繁殖之特征。该菌长速过快，分生孢子团曝露在空气中，稍受振动便飘散传播。

（四）防治方法

（1）接种后，管理要及早，污染料报废处理要及时：最好是在分生孢子团呈浅黄色以前，即尚未成熟时进行。清移时，用潮布包裹好感病部位，要轻拿轻放，减小振动，尽量减少分生孢子的飘散危害。清检出的污染菌种若因量小或来不及彻底处理，则可用简单的控制办法：用少量煤油或 0.1%的来苏尔液蘸湿感病部位，可杀死病原控制病症；或者去掉棉塞把污染菌种浸在水中，使其缺氧致死，污染的棉塞等用塑料袋封装，进行烧毁或深埋。

（2）最好避开高温季节生产：链孢霉在 25~30℃高温，85%~95%的高湿下产生。注意培养室通风排湿，降低室内温度，保持干燥，并在室内或棉塞上撒些石灰粉防潮。

（3）对于被污染的菌袋可重新剥袋后，重新配制经高温处理后再用。

(4) 对于后期污染的菌袋(生产栽培袋)可埋入土壤中深30~40厘米的以造成透气差的条件,经10~20天缺氧处理后,其袋可能还可出菇。当生产正忙时,如不能及时进行处理,可将菌袋浸入水中1~2天,使其缺氧淹死,待生产缓解时,再剥开经晾晒后,重新配制使用。搞好接种室、菇房及周围的环境条件卫生。制种灭菌要彻底。降低菇房的温度和湿度,加强通风换气。

(5) 5%硫酸铜和1%复合酚能有效地抑制链孢霉孢子的萌发生长,这两种药物用于接种室、培养室和接种工具的消毒,用于防止链孢霉。

(6) 塑料袋生产一定要选择质量好的塑料袋,有砂眼的不能用。装袋、灭菌过程中要防止袋子破损,以防发生污染。

四、疣孢霉病

又名湿泡病,褐腐病,水泡病,白腐病。是一种发生普遍为害较重的子实体病害。主要为害蘑菇、草菇、平菇、鸡腿蘑等子实体而不侵害菌丝体。

病原:疣孢霉属半知菌纲、从梗孢目、从梗孢科、双孢亚科、疣孢霉属。疣孢霉菌丝灰白色,疏松,气生菌丝发达。能产生两类孢子,即薄壁分生孢子和顶生厚垣孢子。顶生厚垣孢子具双细胞,即褐色厚壁末端细胞和薄壁基础细胞。厚垣孢子能保持生活力达几年之久。

(一) 症状特点

该病发生于菌床表面的菌丝或子实体上,当菌丝由营养生长转为生殖生长(即从形成菌索到产生菇蕾)时,是该病原菌侵染的有利时机。在幼蕾生长期被侵染,病菇虽然继续生长,但菌盖发育不正常或停止发育,菇柄膨大变形变质,呈现各种歪扭畸形,病菇后期内部中空,菌盖和菌柄交接处及菌柄基部长出白色绒毛状菌丝,进而转变成暗褐色,并流出褐色汁液而腐烂,散发出恶臭气味。在空气潮湿时,褐色臭汁可溢出病菇表面,使菌盖和菌柄上出现褐色病斑,所以也称之为疣孢霉褐斑病。这是区别于轮枝霉寄生引起的干腐病的主要特征之一。

（二）发生条件

鸡该病原菌广泛分布于土壤浅表层，靠孢子通过覆土、昆虫、气流等途径传播。据观察，菇棚内温度在 17~32℃，湿度在 90%~95%，通气性差的条件下极易发病。

疣孢霉菌虽然目前尚无研究资料表明该菌的寄主范围，但已有较多的研究结果证明疣孢霉菌是普通的土壤真菌，广泛分布在土壤中，其孢子具有 1 年以上的生活力，侵染堆肥、覆土及菇棚。病菌孢子在清水中或没有蘑菇菌丝生长的地方不能萌发，而蘑菇或其他真菌的菌丝生长过程能刺激疣孢霉菌孢子萌发的机制尚不清楚。

（三）防治措施

对蘑菇、鸡腿蘑等食用菌的疣孢霉病，应采取“预防为主，药剂为辅”的综合防治方法。

1. 环境消毒

菇房使用前搞好环境卫生，用 50% 的多菌灵 800 倍药液或 1∶(200~300) 倍的克霉灵药液对大棚或菇房进行消毒处理：选择无污染源的地方建造菇棚，并搞好四周的清洁卫生；旧菇床架要进行消毒处理，可用 0.1% 克霉灵等溶液喷洒消毒，也可用石硫合剂涂刷旧床架。

2. 覆土消毒

选择未被污染的地方取土，并且弃除表层土 20 厘米以上，然后取深层土并进行消毒处理，以防止疣孢霉病的侵染。消毒方法一是暴晒处理，即备用的土置于洁净地方暴晒 3~4 天，最好加盖塑料薄膜以提高温度。二是药剂消毒处理，用 70℃蒸汽消毒 2 小时左右或用Ⅱ型克霉灵 1∶600 倍液拌土杀灭土壤中的病原菌。

3. 菇床防治

当菇床开始少量发生疣孢霉病时，应立即停止喷水，加大通风降湿。

4. 及时铲除病菇

将病菇及10厘米深处的培养料一起挖除，扔出床外。

5. 喷药保护

在菇长出之前用波尔多液（1：1：300）喷洒覆土表面，可以减轻发病。还喷洒0.1%的克疣、疣孢净进行防治。用0.1%的克疣灵、疣孢净或高效杀菌剂按每100平方米用50千克药液喷洒消毒。上述几种药剂在菇床上施用，对蘑菇菌丝杀伤力小，可以重复使用，效果较好。

五、轮枝霉病

又名褐斑病、干腐病、黑头病、干泡病，除为害鸡腿蘑外，对平菇、双孢菇、草菇等均有为害。

病原：真菌轮枝霉属半知菌纲、从梗孢目、从梗孢科，分生孢子为单细胞，分生孢子梗轮生。

（一）为害症状

子实体受轮枝霉侵染后所表现的症状，有各式各样，通常随感病时蘑菇的发育阶段不同而异，在菇蕾形成初期感病的，生长发育受阻，形成一团未分化灰白色的组织块，比疣孢霉引起的病菇质地紧密干燥，而不腐烂。在菌盖菌柄分化期发病的通常朵形不完整，菌柄基部变褐加粗，外层组织剥落，菌盖歪斜。病菇上着生一层细细的灰白色病原菌菌丝，病菇变褐，干燥而不腐烂。在子实体分化较完全的阶段感病的，菌盖顶部长出丘疹状的小凸起，或在菌盖表面出现褐色病斑，以后逐渐扩大，并合并成各种不规则的大斑块，直径可达1~2厘米，病斑中部凹陷，在潮湿条件下，长出白色霉状物，后变灰白色。病菇纵切，内部组织干燥而呈黄褐色，皮革质，具弹性。与疣孢霉病在症状上不同之处是不分泌褐色汁液，也不散发出恶臭气味。

（二）发病条件

轮枝霉病菌平时生活在土壤及有机物质或野生菇类子实体上。病菌的侵染来源包括覆土土粒、老菇房中的表土及床架等处。适宜条件下形成的分生孢子可通过多种途径进行传播，包括气流、喷水管理、工作人员的手、足、衣服及操作工具，此外，菇蝇、菌蚊、菌螨亦可携带病菌孢子。对新老菇房，覆土带菌是一个重要途径。

（三）防治方法

（1）搞好菇房内外的环境卫生，清除病菌来源。

（2）堆肥进行后发酵处理：既可以杀死堆肥及菇房内的病菌和害虫害螨，又可提高堆肥本身的质量，有利于蘑菇菌丝的生长，健壮生长的蘑菇菌丝可以抑制轮枝霉菌孢子萌发及菌丝生长。

（3）覆土土粒的选择及处理：其方法可参看疣孢霉的覆土处理方法。

（4）及时做好对害虫害螨的防治。

（5）病害发生后及时处理及喷药控制：首先将感病子实体小心清除或用盆钵覆盖住感病子实体，防止病菌孢子的扩散，同时停止喷水并喷洒 50%多菌灵可湿性粉剂 500 倍液，或 70%甲基托布津可湿性粉剂 1 000 倍液。

六、鬼伞

鬼伞（Coprinus）是一群草腐伞菌，是蘑菇等食用菌栽培中经常发生的一种杂菌，菇床上发生的鬼伞种类较多，为害程度也有差异。有的只是与蘑菇争夺营养，有的则可以抑制蘑菇菌丝的生长。在菌种生产过程中，鬼伞还可污染菌种。

（一）为害症状

发生初期，其菌丝白色，易与蘑菇菌丝混淆，但鬼伞的菌丝生长速度快，且颜色较白，并很快形成子实体。

（二）形态特征

鬼伞类在形态上的共同特征是菌盖初呈弹头形或卵形，玉白、灰白或灰黄色，表面大多有鳞片毛。菌柄细长，中空。老熟时菌盖展开，菌褶逐渐变色，由白变黑，最后与菌盖自溶成墨汁状。孢子在墨汁之中（图 21-2）。

图 21-2　鬼伞

（三）发生条件

各种鬼伞腐生于有机丰富的草地、林间或潮湿腐解的草堆和畜粪堆上，担孢子通过气流传播。菇床上发生鬼伞菌一是空气中的担孢子沉降到床面堆肥，二是土壤或粪肥等带菌。蘑菇播种后 7~10 天内可见其子实体，堆肥氮素营养过多，pH 值呈弱酸性反应以及播种后菇房通风不良，温、湿度过高，均易发生鬼伞。

（四）防治方法

（1）配制优质堆肥，要求选用新鲜、干燥、无霉变的草料及畜粪，并进行高温堆制。翻堆时一定要将粪块弄碎或清除。进房后进行后发酵处理。

（2）控制合理的碳氮比值，防止氮素养分过多，同时适当增加石灰用量，供堆肥的 pH 值呈碱性。

（3）菇床上一旦出现鬼伞要及时拔除，防止孢子扩散。

七、炭角菌病

又名鸡爪菇，是一种生命力极强的寄生性杂菌，主要发生在鸡腿蘑的子实体生长阶段，其子实体酷似鸡爪，俗称为“鸡爪菌”，可造成鸡腿蘑减产甚至绝收。

（一）病状及病因

病害子实体主要出现在鸡腿蘑脱袋覆土后的地畦或菌床上，初期为浅棕褐色，内部白色，呈鸡爪或枝珊瑚状分枝。成熟后为棕褐色或灰黑色，表面有许多黑色突起似桑葚状的子囊壳（图 21–3）。

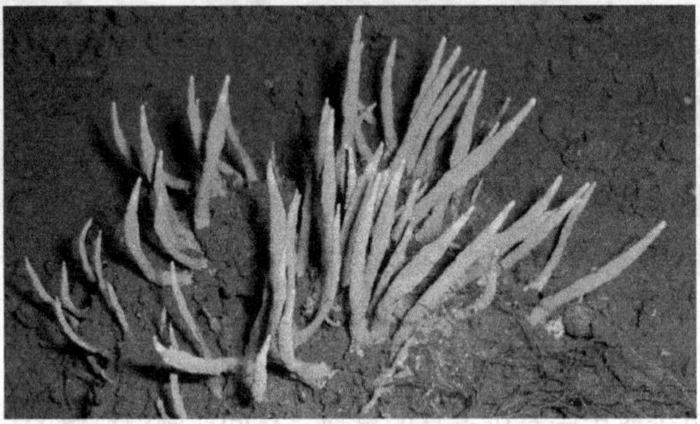

图 21–3　炭角菌病

鸡爪菌多在秋末夏初及二潮菇后大量发生，阴暗、温度高、湿度大、通风不良、菌床水分多时易诱发此病。病源为培养基或覆土中携带病原菌。地畦或菌床内温度在 25℃ 以上生长蔓延极其迅速 5~7 天可使整个地畦或菌床大面积污染，而后鸡腿蘑子实体不再形成，个别已经形成的菇蕾也会萎缩死亡，菌床内部逐渐变黑软腐，鸡腿蘑菌丝消失。

（二）防治方法

（1）用优质的纯菌种。

（2）所用原材料必须新鲜、干燥、无霉变；堆积发酵要彻底。

（3）覆土要用干净无杂质的肥田土，加入 3%的石灰粉后搅拌均匀，用 4%~5%的甲醛液调节至适宜的含水量后用塑料薄膜盖严后堆闷 24~36 小时，摊开晾至无药味后使用。

（4）在气温偏高的季节栽培时，最好不脱袋覆土出菇，避免相互传染。

（5）管理上注意降温、降湿、加大通风、避免菇棚内积水。

（6）适时栽培，春末夏初或夏秋高温季节栽培时发病率高。一般选在 9—10 月种植为好。严格控制菌床温度在 25℃以下，高温高湿有利于该菌的生长蔓延。

八、细菌性病害

细菌性腐烂病病原菌为荧光假单胞杆菌。

症状及病因：在菇体上形成淡黄色水渍状病斑，并逐渐扩展使整个菇体变成淡黄色水渍状腐烂，触摸有黏湿感，散发出难闻的臭味。严重时腐烂的菇体上长满菌蛆，病菇周围直径 5 厘米左右的覆土表面亦为黏湿状。若此时出菇畦内料温度在 18℃以上，湿度在 90%~95%病害传播极为迅速。3~5 天可使大部分菇染病腐烂，病菇完全丧失食用价值。该病原菌存在于土壤和不清洁的水中，借助喷水、虫害、和空气传播。

防治方法如下。

(1) 最好采用两场制栽培，即在固定菇棚内发菌，在简易菇棚内出菇，每栽培一次更换一次场地。

(2 用固定大棚栽培时，要在夏季不用时拆去草帘和棚膜进行自然暴晒，并在下批栽培时更换覆土。

(3) 通风孔和棚门要覆盖防虫网或双层窗纱，并定期施药杀虫。

(4) 适当降低覆土层中的含水量，对环境湿度控制在 90%以下。特别是在湿度高时禁止向菇体直接喷水，同时防止大棚凝结水或漏雨滴到菇体。

(5) 出菇湿度大时可将草木灰和石灰粉按 1∶1 混合后撒在覆土层表面，能有效减少病害的发生并有一定的增产效果。

(6) 化学防治：一旦发病，应将病菇摘除病清理出菇房，向病区喷撒克霉灵或漂白粉 1∶600 倍药液；或用 100 国际单位农用链霉素或 5%石灰水上清液，可收到良好的防治效果。

第二节　食用菌常见害虫

一、瘿蚊

又名小红蛆、红线虫。

瘿蚊有幼体繁殖的习性，1 只幼虫从体内繁殖 20 头幼虫。幼虫大量群集在菌棒两头的袋口处和塑料袋有破孔的地方。幼虫喜湿，干燥的情况下活动困难，且繁殖受阻。幼虫、成虫都有趋光性，较亮处的地方虫口密度大。

幼虫取食菌丝，蛀食子实体，也能在培养料中穿行取食，菌丝被害后迅速退菌，子实体被害后发黄、枯萎或腐烂，培养料被害则成疏松渣状，幼虫为害造成的伤口有利于病菌的侵入。菌丝体培养阶段是成虫侵入和有性繁殖的重要阶段，也是防控的有利时机；子实体生长阶段。

瘿蚊虫体小，怕干燥，将发生虫害的菌袋在阳光下暴晒 1~2 小时或撒石灰粉，使虫干燥而死，可降低虫口密度。

用磷化铝薰蒸防治瘿蚊则需要每立方米用 10 片（33 克），防治效果才理想。熏蒸时菇房要密闭，操作人员应戴防毒面具，一定要按规程进行，熏完后菇房要密闭 48 小时，再通气 2~3 小时，才可以入内，以免中毒。

冷冻干燥法防治幼虫：冬季温度较低，发生瘿蚊的菌棒夜间移至棚外或揭开棚膜，在-5℃时，瘿蚊幼虫的死亡率达100%；-4℃时，幼虫的死亡率 96.6%；-3℃时，幼虫的死亡率 91.6%。非冬季在瘿蚊幼虫为害处撒石灰粉，24 小时后未发现活体幼虫，防效 100%，瘿蚊幼虫中午阳光暴晒 4 小时后，死亡率可达 87.2%；对发生较严重的菌棒，采用撒石灰、阳光暴晒两种方法。无论采用何种方法，一定要躲开出菇期，以免影响菇体生长。

在栽培场所使用蚊蝇驱避香等驱避剂驱赶。

二、线虫

（一）为害症状

菇床遭受线虫为害后，主要是播种后的菌丝生长不良或不发菌，或发菌后出现菌丝逐步消失的“退菌”现象，堆肥变质腐烂，子实体停止生长或死亡。

（二）发生条件

线虫在自然界分布广泛，潮湿及透气性良好的土壤、厩肥、草堆以及各种腐烂有机物上，不清洁的水中都存在线虫，食用菌栽培过程中发生的线虫，可分别来自堆肥、覆土（土粒）、老菇房的床架及用具、拌料及菇床管理用水等，其中以堆肥及覆土（土粒）带有线虫的危险性更大。

（三）防治方法

（1）选择无线虫污染的场地堆制蘑菇堆肥，防止堆肥受线虫污染。

（2）堆肥进房后进行后发酵处理，可有效杀死线虫、害虫、害蛾和病菌。堆肥和覆土土粒用甲醛熏蒸处理或用克线磷拌料。

（3）覆土土粒用杀线虫剂处理或用溴甲烷熏蒸消毒，或用 70℃热蒸汽密闭处理。

（4）栽培结束后及时将废料清除出菇房，最好运到水田作肥料，切勿堆放在菇房附近或堆料场地上。

（5）播种后发现线虫为害后及时挖沟进行隔离，对发病部位停止喷水管理，使其处于较干燥条件下以便控制线虫的活动，或每平方米菇床喷施 0.5 克的克线磷。

（6）保持床面清洁卫生环境，及时清除老菇根及死亡菇体，用干净细土将凹陷的床面填平。

三、螨虫

螨害是国内外食用菌栽培中的一类重要有害生物，发生普遍。

（一）为害症状

取食食用菌的菌丝及子实体，使菌丝生长不好或出现“退菌”现象，严重影响产量和品质。

（二）防治方法

1. 用好菌种

把好菌种的质量关，保证菌种本身不带任何害螨，防止害螨进入菌种瓶（袋）内及棉花塞上。

2. 搞好卫生

搞好菇房及栽培场地内外的清洁卫生，并保证菇房及栽培场地与粮食、饲料仓库及鸡舍畜舍等有一定距离，并及时清除死菇和废料。

3. 后发酵

选用干燥新鲜无霉变的原料堆制堆肥，堆肥进房后进行后发酵处理，可有效杀死老菇房中藏匿的及堆肥内部带有的各种害螨。

4. 毒杀

药剂防治方面，可用 73% 克螨特乳油 2 000 倍液或 50% 溴螨酯 2 000 倍液喷洒菇床，在子实体生长期不能使用。

5. 诱杀

可用糖醋液湿布法诱杀或毒饵诱杀，即用 1 份醋、5 份糖、10 份敌敌畏拌进 48 份经炒黄焦的米糠或麦麸中，撒于菇床四周诱杀。

6. 喷杀

菇房发现螨类时，应在覆土前用 40% 阿维螨杀净 3 500~5 000 倍液喷杀。

四、菇蝇

菇蝇可为害蘑菇等多种食用菌，发生普遍，为害较重。

（一）为害症状

主要以幼虫进行为害，食性复杂，在菇床上取食菌丝子实体及堆肥。引起堆肥变黑湿腐。幼虫多从菌柄基部钻蛀，留下肮脏的孔洞，成虫虽不直接为害，但可传播菇床病害。

（二）形态特征

黑腹果蝇又名菇黄果蝇。体长4~5毫米，腹有黑色环纹而得其名。幼虫蛆状，无足，初孵幼虫体白色，老熟幼虫体长4~5毫米。卵长约0.5毫米，表面布满角形网格，背前端有一对触丝。

（三）生活习性

菇蝇平时多栖息在腐烂水果、垃圾、食品废料堆等场所。食性复杂，成虫对发酵气味的趋性强，并在发酵物质上产卵繁殖，一年发生多代。

（四）防治方法

（1）搞好菇房菇场内外环境卫生，清除菇蝇滋生场所。

（2）堆肥进行高温堆制和进房后进行后发酵处理，杀死堆肥及菇房内的害虫。

（3）有条件的菇房应安装纱门纱窗，防止成虫飞进菇房产卵。使用蚊蝇驱避香驱赶。

（4）药剂防治方面，可使用敌敌畏及溴氰菊酯或杀灭菊酯或1 000倍50%辛硫磷，或1 500倍氯氰菊酯喷洒菇床及房菇；培养料进房前用40%阿维螨杀净3 500~5 000倍液喷雾。

对成虫可进行糖醋药物诱杀或烂果浸孢药物诱杀。诱杀液一般用1∶2∶3∶4的酒、糖、醋、水配成，再加入少量的敌敌畏。

五、蛞蝓

俗称鼻涕虫，也有的地方称作蜒蚰。是一种软体动物，雌雄同体，外表看起来像没壳的蜗牛，体表湿润有黏液。野蛞蝓怕光，强光下2~3小时即死亡，因此均夜间活动，从傍晚开始出动，22~23时达高峰，清晨之前又陆续潜入土中或隐蔽处。耐饥力强，在食物缺乏或不良条件下能不吃不动。蛞蝓取食广泛。

可在蛞蝓出没地喷洒食盐水，亦可撒生石灰。

第三节　病虫害及杂菌的综合防治

食用菌病虫害的防治应掌握“预防为主，综合防治”的治保方针。任何单一的防治措施，效果往往会不理想，甚至达不到目的。在食用菌生产中，防止病还应注意以下问题。

一、菌种

应选用优良的抗病虫菌种，严把菌种质量关。菌丝粗壮，无其他杂色，具有该食用菌特有的味道，可视为优质菌种。如有条件，抽样培养，检查菌丝生活力。

二、灭菌

常压灭菌必须使灶内温度稳定在100℃，并持续8小时；锅内菌袋排放时，中间要留有空隙，受热均匀；要避免因补水或烧火等原因造成中途降温。高压灭菌严格按操作规程进行。注意灭菌后的冷却，防止二次污染。

三、把好菌袋制作关

熟料栽培时，塑料袋应选择厚薄均匀、不漏气、弹性强、耐高温塑料袋，培养料切忌含水量太高，掌握好料水比；装料松紧适中，上下内外一致；两端袋口应扎紧，在高温季节制菌袋时，可用克霉菌灵拌料，防治杂菌。

四、科学安排接种季节

根据菌丝生长和子实体发生对温度的要求，合理安排接种季节。过早接种或遇夏秋高温气候，既明显增加污染率，又不利菌丝生长；过迟接种，污染率虽然较低，可能影响产量。

五、严格无菌操作

接种室应严格消毒处理；做好接种前菌种预处理；接种过程中菌种瓶用酒精灯火焰封口；接种工具要坚持火焰消毒；菌种尽量保持整块；接种时要避免人员走动和交谈；及时清扫接种室，保持室内清洁。夏季气温偏高时，接种时间安排在午夜至次日清晨。

六、净化环境

做好环境卫生，净化空气降低空气中杂菌孢子的密度，是减少杂菌污染最积极有效的一种方法。装瓶消毒冷却，接种、培养室等场所，均需做好日常的清洁卫生。暴雨后要进行集中打扫。将废弃物和污染物及时处理，以防污染环境和空气。注意菇房周围的环境卫生，不要把出口处建在靠近堆肥舍和畜舍的地方。要远离酿造厂，否则容易感染杂菌。减少栽培场地虫源，可有效降低虫害的发生。

七、改善环境促进菌丝快速健壮生长

杂菌发生快慢与轻重，很大程度上取决于各种环境因子。在日常管理工作中，尽可能创造适宜于食用菌菌生长发育的环境条件是一项很重要的预防措施。

八、加强管理

在气温较高季节，培养室内菌袋排放不宜过高过密，以免因高温菌丝停止生长甚至死亡，影响成品率。发菌过程中结合翻堆认真检查，发现污染菌袋随即处理。污染物及时清除出房外，烧毁或深埋，绝不能在菇房里处理。菇棚用水要洁净，防止雨水浸淋。

九、害虫防治

栽培场地可使用诱杀、隔离、驱避措施，降低害虫基数，减少虫害与食用菌的接触机会。在菌丝蔓延期间，只要见成虫飞出就要用杀虫剂防治。马拉硫磷、除虫脲或溴氰菊酯都可以用。培菌空间使用蚊蝇驱避香效果很好。有菇蕾发生时，即应停止使用。棚内悬挂粘虫板，安装紫外线杀虫灯。

主要参考文献

戴希尧，任喜波 . 2015. 农业专家大讲堂系列——食用菌实用栽培技术 [M]. 北京：化学工业出版社 .

国淑梅，牛贞福 . 2016. 食用菌高效栽培 [M]. 北京：机械工业出版社 .

张胜友 . 2017. 食用菌菌种生产技术 [M]. 北京：中国科学技术出版社 .